CHEF* LASS NACH!

Wie deine innere Haltung den Umgang mit

Arbeitskonflikten für immer verändert.

Von Christin Stäudte

*Falls du eine Chefin bist, ist dieses Buch auch für dich.

Engelsdorfer Verlag

Leipzig

2023

Bibliografische Information durch die
Deutsche Nationalbibliothek:
Die Deutsche Nationalbibliothek verzeichnet diese Publikation in der Deutschen Nationalbibliografie; detaillierte bibliografische Daten sind im Internet über https://dnb.de abrufbar.

ISBN 978-3-96940-656-4

Hergestellt in Leipzig, Germany (EU)
Gedruckt auf FSC®-zertifiziertem Papier

www.engelsdorfer-verlag.de

12,00 Euro (DE)

Inhalt

Ein Perspektivwechsel

Annahmen verfälschen unsere Wahrnehmung.

Unsere Wahrnehmung entsteht aus unserer Perspektive. Immer, wenn wir glauben, wir hätten unsere Perspektive frei gewählt, so dürfen wir uns sicher sein, dass sie lediglich das Ergebnis all unserer Erfahrungen und Entscheidungen ist. Wenn wir Konflikte lösen wollen, dürfen wir zuerst davon ausgehen, dass jede Perspektive echt und unvollständig ist.

Für Frieda und Tillmann

Einleitung

Bist du eine so genannte Führungskraft? Steht demnächst eine Beförderung an? Bist du InhaberIn eines kleinen Familienbetriebs, ProduktionsleiterIn eines aufstrebenden Unternehmens oder KönigIn eines entfernten Landes? Bist du schon hoch geflogen und tief gefallen, aber immer wieder aufgestanden? Hast du dich schon einmal so richtig über deine KollegInnen geärgert? Hat dich deren fachliche und menschliche Inkompetenz schon einmal so richtig auf die Palme gebracht? Bist du genervt von Einwänden und inkonsequenten Handlungsweisen oder wunderst du dich über den Krankenstand? Hast du das Gefühl, dass du eigentlich alles selbst machen müsstest, oder glaubst du, die anderen wollen einfach nicht mitmachen? Das sind wichtige Annahmen, in denen du dich bewegst. Bitte bedenke dabei:

Wer mit dem Finger auf andere Leute zeigt, zeigt automatisch mit drei Fingern auf sich selbst zurück.

(Nach einem Zitat von Gustav Heinemann 1899-1976)

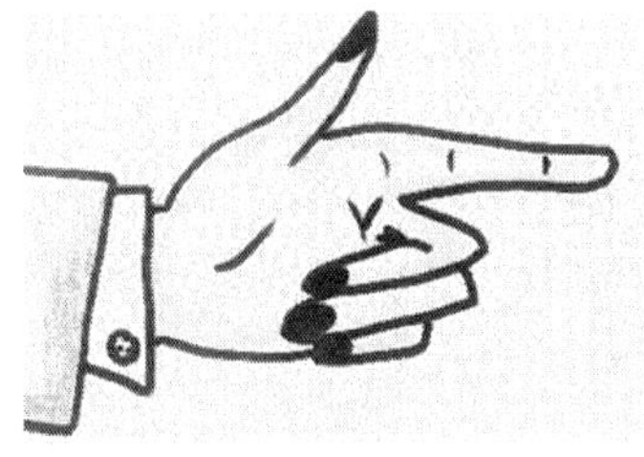

Bild von Christin Stäudte

Probiere es gerne gleich einmal aus. Deine Annahmen über deine Mitmenschen sagen möglicherweise mehr über dich aus als über sie.

Hast du dieses Buch eventuell als anonymes Geschenk erhalten? Dann darf dies dein Anlass dazu sein, die nachfolgenden Zeilen einmal auf dich wirken zu lassen.

Ich nehme dich mit auf diese Reise durch den Perspektivwechsel und lade dich dazu ein, deinen Blickwinkel zu verändern. Alles, was du dazu brauchst, ist die Wahl der richtigen Einstellung und die Bereitschaft dazu, dich selbst in der ein oder anderen Anekdote wiederzuerkennen.

Dies ist kein gewöhnlicher Ratgeber. Es handelt sich hierbei nicht etwa um eine empirische Erhebung mit wissenschaftlich belegten, psychologisch etablierten Potenzialanalysen. Du erhältst hier keine neuen Kennzahlen, nach denen du dich selbst optimieren kannst. Was dieses Buch schaffen kann, ist der Perspektivwechsel, der uns allen häufig fehlt, wenn wir mit uns selbst oder mit unseren Mitmenschen in Konflikte geraten. Jede Wahrheit ist echt und unvollständig. Und wir dürfen in jeder Situation erkennen, dass wir unseren eigenen Filter auf die Situation legen, die wir gerade erleben.

Dies ist das Buch einer Mediatorin, die neben der Kunst der Konfliktlösung vor allem eines studiert hat: **Menschen.**

Die Initialzündung

Als ich ein Kind war, hatte mir mein Vater einmal erklärt, dass bunte Kanarienvögel von grauen Spatzen gejagt würden, wenn man sie freiließe und sie deswegen besser im Käfig aufgehoben wären.

So fühlte ich mich auch an diesem Sommertag in Leipzig. Von außen betrachtet sollte ich im Grunde mein berufliches Seelenheil gefunden haben: ein Arbeitsvertrag mit Festanstellung und einer Position, die Veränderungen voranbringen und das Unternehmen zukunftsweisend gestalten sollte. Jedoch gab es da die berühmte Kehrseite der Medaille…

Ich saß auf dieser Bank im Leipziger Zentrum mit Blick auf den „Ring“, wie die Magistrale um die Innenstadt kreisend genannt wird, und die Skaterbahn. Den Kaffee in der einen Hand und dieses kleine gelbe Buch in der anderen. Meine langjährige Freundin Ines hatte es mir geschenkt, als ich sie zuletzt besuchte. Es war ihr sehr unangenehm, als sie feststellte, dass ich kürzlich Geburtstag hatte, sie jedoch vergaß, mir zu gratulieren. Ines meisterte in dieser Zeit selbst ein paar Herausforderungen im Leben und es war eben auch nicht verwunderlich, dass sie dann einen Geburtstag verschwitzte. Sie bestand jedoch darauf, mir etwas schenken zu dürfen. Es war ein kleines, sogar ziemlich unscheinbares Buch, dessen Titel für mich irgendwie nett, aber dennoch nichtssagend und nicht sehr verlockend klang: „Das Café am Rande der Welt" von John Strelecky. Ines hatte es selbst einmal geschenkt bekommen, doch in ihrer berühmten offenen und direkten Art gestand sie mir, dass sie es wohl nie lesen würde und zwinkerte mir dabei zu. Ines, eine starke Frau, erfolgreich im Leben und erfolgreich im Job, war selbst definitiv nicht auf der Suche nach Halt oder einem Sinn, was wohl der Grund dafür war, dass sich dieses kleine Buch den Weg zu mir bahnte.

Ich war in meinem Berufsleben zu diesem Zeitpunkt einige Spießruten gelaufen. Erfolge hielten nie lange an, ich geriet immer wieder ins Visier von Vorgesetzten und Kollegen. So auch in dieser Zeit.

Ich hatte es wieder einmal mit einem Kollegen zu tun, der es sich zur Aufgabe gemacht hatte, mir unter den Augen aller Mitarbeiter Steine in den Weg zu legen und die Mannschaft subtil und dabei mäßig erfolgreich gegen mich aufzubringen. Gründe dafür? Unklar. Rückblickend eine untragbare Situation, doch in meinem Berufsleben bisher leider nicht die Erste in dieser Form. Bereits fünf Jahre zuvor hatte ich mich zur Mediatorin ausbilden lassen, um Konflikten im Berufsleben entsprechend professionell zu begegnen. Ich hatte es abgewählt, Vorgesetzten und Kollegen ausgeliefert zu sein, die Energie in die Unterdrückung eines einzelnen Menschen setzten. Dieses Gefühl des Drucks, welches ich in den Hochphasen des Mobbings gegen mich erlebt hatte, welches mir die Kehle zuschnürte und mich neben mir selbst stehen ließ, sollte nie wieder Teil meines Lebens sein und trotzdem war ich genau heute wieder an diesem Punkt angekommen. Auch, wenn dies niemand von außen sehen konnte: Der Krieg tobte in mir.

Dieser wunderschöne Sommertag hatte wahrlich nichts Erfreuliches für mich zu bieten, außer dieses kleine gelbe Buch. Und so verlängerte ich einfach so und zum ersten Mal meine Mittagspause um mehrere Stunden für diese wertvollen Zeilen, die mein Leben verändern sollten. Der Inhalt zog mich schon nach den ersten Seiten in seinen Bann. Und so sehe ich mich noch heute auf dieser Parkbank sitzen, mit diesem kleinen gelben Buch, das alles veränderte.

Mein Name ist Christin Stäudte, ich bin Wirtschaftsmediatorin, Supervisorin, Coach für Konfliktverhalten. Ich bin Mutter, Partnerin, Freundin und auch Tochter, doch vor allem bin ich Mensch. Ich beschäftige mich heute hauptberuflich damit, die Arbeitswelt zu einem besseren Ort zu machen. Doch bis ich meine Mission verstand und ich da ankam, wo ich heute bin, musste ich so lange nach dem richtigen Weg suchen, bis ich meinen ganz eigenen fand.

An diesem Tag im Sommer war Christin Stäudte noch da, ganz sicher, körperlich. Doch die tägliche Zeit, die ich auf der Arbeit verbrachte, war nahezu ausgeklammert von meiner Authentizität, meinem Humor und ja, sogar von Herzlichkeit. Es war so, als würde ich mein „Ich" und meine Persönlichkeit am Eingang abgeben, sobald ich das Gebäude betrat. Immer öfter nahm ich ein Gefühl des Unbehagens, welches an meinem Selbstwert nagte, mit nach Hause. Immer weniger gelang es mir, diese Gedanken loszulassen. Meine Herzlichkeit verschwand in vielen Bereichen meines Lebens. Und so hatte ich zu diesem Zeitpunkt das Gefühl, diesen äußeren Umständen ausgeliefert zu sein. Nichts anderes habe ich in meinem Leben angenommen und bis dahin erfahren. In keinem Arbeitsverhältnis, keiner Beziehung, keiner Bindung habe ich mich in der komfortablen Situation erlebt, selbst zu entscheiden, was ich wie lange ertrage und wann ich aussteige. Ich hätte es mir selbst zu jedem Zeitpunkt wert sein dürfen, aber ich habe mich den Grenzen meines eigenen Käfigs hingegeben. Es war genau das, was mein Wertesystem um mich herum mein gesamtes Leben lang predigte: *„Sei lieb, damit die anderen nicht enttäuscht sind! Iss auf, damit schönes Wetter wird! Funktioniere! Du bist doch ein Mädchen! Sei nicht zickig! Mach keinen Stress! Es ist deine Schuld! Du bist die Klügere, also gib nach!"* Ich hatte Zeit meines Lebens das Gefühl, dass mein Außen mich bestimmt und ich gar keine Chance haben könnte, mein Innen so zu verändern, dass sich meine Beziehungen im Außen automatisch mit mir verändern. Ich fühlte mich als Opfer meiner eigenen Umstände.

Meine Familie beobachtete meine Veränderung in dieser Zeit sehr genau. Es war spürbar und irgendwann auch sichtbar, wie unglücklich ich wurde. Doch auch das war einer meiner Glaubenssätze: liebgewonnene Mitmenschen nicht mit negativen Gedanken zu belasten, getreu meines Glaubenssatzes: *‚Sei entspannt! Sei bequem! Jammere nicht!'*

Ich wollte diesen hässlichen Teil meines Lebens, der mich lediglich ernähren sollte, nicht in mein Privatleben hineinlassen und so hielt ich etwas unter Verschluss, was innerlich an mir nagte und mir viele schlaflose Nächte bescherte. Während der Berufsausbildung hatte mir mein Mentor einmal gesagt: *„Du lässt die Dinge viel zu nah an dich heran!"* Jahrelang habe ich versucht, zumindest nach außen keine Regung zu zeigen, wenn mich Anfeindungen trafen, oder mich persönlich verletzten. Aus meiner heutigen Perspektive erteilt diese Aussage einem feindseligen Arbeitsumfeld den Freifahrtschein für Mobbing und Geringschätzung. Es suggeriert dem Empfänger oder der Empfängerin, es läge an ihm oder ihr, wenn das Verhalten des eigentlich kollegialen Umfelds verletzend agiert. Sollte diese Arbeitswelt nicht viel mehr zu einem Ort werden, an dem es uns möglich ist, uns mit unseren Stärken und Schwächen zu zeigen? Darf es nicht allen KollegInnen deutlich werden, welche Werte der oder die Einzelne vertritt und wie es ihm oder ihr dabei geht, wenn diese Werte verletzt werden? Denn wie soll das funktionieren, dieses *„nicht an sich ranlassen*“? Wir geben unsere Gefühle niemals am Eingang ab. Wollen wir unsere Lebenszeit wirklich weiterhin gegen Geld verkaufen, oder wollen wir auch unser Innerstes authentisch im Arbeitsumfeld leben dürfen? Ich sah mich eindeutig zu lange als Opfer meiner Umstände. Bis zu diesem einen Sommertag. Bis zu diesem kleinen gelben Buch, für das ich alle Prinzipien über Bord warf. An diesem Tag kehrte ich nicht, wie gewohnt, überpünktlich aus der Mittagspause zurück. An diesem Tag öffnete ich meinen Käfig und flog davon. Ich gründete vier Wochen später mein kleines Unternehmen mit einem Euro Startkapital am heimischen Küchentisch.

Warum?

Das kleine gelbe Buch setzt sich vor allem mit drei entscheidenden Fragen auseinander:

*Warum bist du hier?

*Hast du Angst vor dem Tod?

*Führst du ein erfülltes Leben?

*Zitat aus John Streleckys „Das Café am Rande der Welt“

Zwar konnte ich die Todesfrage zweifelsfrei mit einem klaren „Nein“ beantworten, jedoch war es mir kaum möglich, meine Gedanken zu den beiden anderen Fragen zu sortieren.

Warum bist du hier?

War ich hier, um meine Kinder auf die Welt zu bringen? Das hatte ich zweifelsfrei bereits geschafft, denn ich darf diese beiden wundervollen Menschen ins Leben begleiten. Doch was ist mit mir? War das meine einzige Aufgabe? Bin ich etwa hier, um mich beruflich immer und immer wieder mit Vorgesetzten und KollegInnen auseinanderzusetzen, die mich an den Rand des Wahnsinns treiben, bis sie mich in die Flucht schlagen?

Ich verlor mich in dem Gedanken…

Was ist, wenn genau das meine Aufgabe ist? Wenn dies nun wirklich meine Aufgabe ist, dieses wiederkehrende

Rätsel zu lösen, damit umzugehen und schlussendlich genau diese Konflikte zu lösen, die mir heute selbst so ausweglos erscheinen. Ich sollte meine eigenen Konflikte zunächst in den Griff bekommen… und vielleicht später sogar die meiner Mitmenschen. Das Handwerkszeug habe ich bereits. Mein Schmerzpunkt ist erreicht. Immer wenn ich glaubte, es würde sich beruflich verbessern, geriet ich an den nächsten Narzissten, Frauenhasser, Macho oder Schreihals. Bin ich hier, um dieses Rätsel zu lösen? Eigentlich habe ich es satt, andauernd über diese Menschen zu grübeln. Ich sollte die Situation vielleicht einmal aus einer vollkommen anderen Perspektive betrachten. Soll das der Zweck meiner Existenz sein?

Die Kulturkrise auf dem Arbeitsmarkt

Wie man es dreht und wendet, unsere Arbeitswelt befindet sich im Umbruch. Unsere bisherigen Strukturen und Verhaltensweisen am Arbeitsplatz stehen auf dem Prüfstand. Die alten Glaubenssätze wie „Nicht gemeckert ist genug gelobt“, „Lehrjahre sind keine Herrenjahre“ oder „Gehe nie zu deinem Fürst, wenn du nicht gerufen wirst“, sind überholt. Sicher haben Sätze wie diese über Jahrhunderte eine gut steuerbare und funktionierende Arbeitergesellschaft geformt. Eine Gesellschaft, auf deren Erfolge wir unsere heutige Freiheit im Berufsleben aufbauen und von deren Erfahrungswerten wir alle profitieren dürfen. Doch dürfen wir gleichzeitig verstehen, dass insbesondere jüngere ArbeitnehmerInnen einen tiefen Wunsch nach Entfaltung und Kreativität verspüren. In Kombination mit dem demografischen Wandel und einer Fülle an Berufen, die wir vor zehn Jahren noch nicht auf dem Arbeitsmarkt erahnen konnten, dürfen wir in allen Branchen diesen Moment der Veränderung als Chance erkennen und nicht als Krise. Wenn wir verstehen, dass jede Sichtweise und jedes Verhalten frühe Ursachen und Gründe hat, wir uns für die Werte jedes Einzelnen öffnen und diese Öffnung sogar zu unserer Grundhaltung machen, dann gelingt es uns als ArbeitgeberInnen und Vorgesetzte mit der Individualität, ja sogar mit der Diversität unserer KollegInnen und Mitarbeitenden umzugehen und diese so anzunehmen wie sie eben sind. Dann werden sich die Menschen, die uns ihre Lebenszeit zur Verfügung stellen, für unser Unternehmen entscheiden und sich auch in konfliktbehafteten Situationen wertgeschätzt fühlen, sogar dann, wenn der Marktbegleiter mit mehr Gehalt und Benefits wirbt. Dieses kleine Buch darf dein Impuls sein, um deine innere Haltung zu den Themen der Zusammenarbeit auf den Prüfstand zu stellen und zu verstehen, dass deine Investition in die Menschlichkeit eine Art Vorkasse darstellt. Dein Gewinn ist ein Team, das sich wertgeschätzt, gesehen und verbunden fühlt und dir im Gegenzug loyal die beste Arbeitsleistung zur Verfügung stellen wird, die es geben kann.

„Die Welt verändert sich durch Dein Vorbild, nicht durch Deine Meinung.“

Paul Coelho

Jede Reise beginnt mit einer Entscheidung.

Während meiner Zeit als Arbeitnehmerin und später als selbständige Mediatorin erlebte ich einige Exemplare direkter Vorgesetzter. Sie waren allesamt einzigartig und meine Erlebnisse mit ihnen erscheinen mir heute als ideale Grundlage, um den Perspektivwechsel herbeizuführen und niemals der Grundannahme zu verfallen, genau zu wissen, welche Absichten mein Gegenüber hegt. Und dabei hätte ich viele Gründe gehabt, dieses Buch *„Schreck lass nach!“ Horrorgeschichten vom Arbeitsplatz”* zu nennen. Doch dafür ist mir meine Mission viel zu ernst. Heute stelle ich den Perspektivwechsel für viele GeschäftsführerInnen und Führungspersönlichkeiten jeglicher Branchen her. Vielleicht ist es der demografische Wandel oder doch die Generation Z mit ihrem wertebasierten Denken und Handeln. Möglicherweise ist es der Klimawandel oder die Pandemie, oder es sind ganz andere Umstände, die es uns als Gesellschaft unmöglich machen, in alten, verstaubten Strukturen weiter zu funktionieren.

Die ArbeitnehmerInnen von heute sind nicht länger dazu bereit, die Spiele der Macht über sich ergehen zu lassen.

Die ArbeitgeberInnen von heute dürfen ihre Ängste vor den eigenen Gefühlen und vor den Themen ihrer MitarbeiterInnen nicht länger von sich und ihrem Führungsverhalten abspalten.

Wir müssen uns endlich wieder als Menschen am Arbeitsplatz begegnen.

Diese Thesen sind der Beginn meiner Mission. Ich leiste meinen Beitrag zu einer neuen Arbeitskultur, in der der Mensch im Mittelpunkt seines Handelns steht. In welcher die Werte verbindlich werden und nicht länger als „Soft Skills“, sogenannte „weiche Faktoren“ benannt werden dürfen. Die knallharten Faktoren der Menschlichkeit werden in Zukunft auf dem Arbeitsmarkt über Erfolg oder Misserfolg der Unternehmen entscheiden. „Benefits” kann jeder.

ArbeitgeberInnen bewerben sich vor allem mit ihrer gelebten authentischen Haltung bei den ArbeitnehmerInnen der Zukunft.

Falls du das nicht glaubst: kein Problem. Dann kannst du dieses Buch einfach zur Seite legen, denn es ist geduldig. Wir lesen uns später!

Um den Blickwinkel auf unser Arbeitsleben zu verändern, müssen wir vor allen Dingen in der Lage sein, uns über unser eigenes Verhalten, dessen

Ursachen und seine Wirkung bewusst zu werden. Solange wir unsere Mitmenschen moralisch verurteilen, vergleichen und auf unsere Annahme, also unseren eigenen Blickwinkel bestehen, kann dies nicht gelingen. Also wie geht das jetzt genau mit der *Grundhaltung „Ich bin o.k. – du bist o.k.“?

* (Transaktionsanalyse Eric Berne)

Wie unsere Wahrnehmung entsteht

Um ergebnisoffen agieren zu können, müssen wir in der Lage sein, unsere eigene Annahme zu hinterfragen und damit die Möglichkeit in Betracht ziehen, dass der andere auch recht haben könnte. Was wir brauchen, ist die Akzeptanz für die Sichtweise unserer Mitmenschen. Wenn wir davon ausgehen, dass jede unserer eigenen Annahmen, Vermutungen und Hypothesen unseren eigenen Erfahrungen und Erwartungen entspringt und nichts mit der Realität unseres Gegenübers zu tun haben muss, so wissen wir eigentlich nur, dass wir nichts wissen. Wir bewegen uns in einer Welt voller Projektionen und wir müssen uns davor hüten, unsere eigene Wirklichkeitskonstruktion über die unserer Mitmenschen zu stellen.

Ein Beispiel dazu: Sofern ich in meiner Kindheit durch Eltern, Geschwister und Mitschüler für mein Verhalten oder gar Aussehen belächelt und ausgelacht wurde, kann das dazu führen, dass ich mich im Erwachsenenalter leicht von dieser Erfahrung „triggern“ lasse. Das bedeutet, dass mir eine zutiefst freundliche Person mit einem Lächeln im Gesicht und in bester Absicht entgegenkommen kann, ich mich jedoch angegrinst fühle und mir diese Art des Entgegenkommens eher Unbehagen und Unsicherheit beschert. Für mich entsteht der Eindruck, die entgegenkommende Person würde mich belächeln und auslachen. Unser Gehirn ruft dann eine Erfahrung ab, die wir mit der neuen Situation verknüpfen, anstatt unsere Perspektive zu prüfen, um das entgegengebrachte Lächeln möglicherweise als eine neue positive Erfahrung zu verstehen. Ein anderer Betrachter mit anderen Erfahrungen hätte sich in dieser Situation mit diesem lächelnden Menschen sogar wohl gefühlt oder sich vielleicht sogar in diese Person verliebt.

Alles eine Frage der Perspektive.

Aber schauen wir uns die Entstehung unserer Perspektiven einmal genauer an. Unsere Perspektiven entstehen aus der Kombination von ein paar wesentlichen Faktoren:

Physische und psychische Gesundheit, Grundbedürfnisse, Werte, innere Antreiber, Glaubenssätze und Resonanz.

Psychische Gesundheit und Urteilsfähigkeit

Ich glaube, es ist unbestritten, dass unsere physische und psychische Gesundheit maßgeblich für unsere Wahrnehmung und Urteilsfähigkeit ist. Wir kommen auf diese Welt mit ein paar Voraussetzungen und Gegebenheiten, die uns unser Leben lang beeinflussen werden.

Ein Beispiel: Manchmal sehen Menschen weniger als andere, oder sie sind blind auf die Welt gekommen. Andere haben Adleraugen und hören dafür viel weniger. Ist ein Mensch kognitiv im Vergleich zur sogenannten „Norm" verändert oder eingeschränkt, verändert sich automatisch auch die Art und Weise, wie er seine Umwelt wahrnimmt. Seine Wahrnehmung ist dabei keineswegs falsch, sie ist lediglich anders. Sind wir kognitiv verändert oder beeinträchtigt, nehmen wir Situationen grundsätzlich anders wahr als Menschen, die sich im oberen Toleranzbereich aller kognitiven Fähigkeiten bewegen. Vielleicht hast du schon einmal einen Menschen getroffen, der dir immer und immer wieder ins Wort gefallen ist. Möglicherweise hat dich dieses Verhalten richtig sauer gemacht und du hast Gedanken entwickelt wie etwa ‚Dieser *Einfaltspinsel hört sich offenbar gerne selbst reden'*. Doch hat sich dir an dieser Stelle nur dein eigener Filter aufgedrängt. Hättest du deine Perspektive verändert, oder sogar nachgefragt, dann hättest du vielleicht gesehen, dass er oder sie ein kleines, kaum sichtbares Hörgerät trägt. Es könnte sein, dass deine zu leisen Versuche, das Wort zu ergreifen, schlicht und einfach bei dieser Person auditiv nicht angekommen sind. Und so hat er oder sie einfach immer weiter gesprochen, den Blick von dir abgewandt, da dein zorniges Gesicht ihm oder ihr eine eigene Erfahrung gespiegelt hat, die dem Unterbewusstsein des Gegenübers signalisierten: ‚*Ich werde abgelehnt*'.

Wenn du jetzt in deiner Annahme verweilst ‚*Der andere hat schlechte Absichten*', du wieder und wieder vergebens nach Luft holst, um zu Wort zu kommen, jedoch den Eindruck hast, er oder sie würde dich aus reinem Egoismus unterbrechen und im Monolog verharren, so kann es durchaus passieren, dass dir der Kragen irgendwann platzt und du im schlimmsten Fall lauthals und mit gewaltvoller Kommunikation zum Ausdruck bringst, dass du jetzt an der Reihe bist. Der erschrockene Empfänger dieser Aussage wird vermutlich das Weite suchen oder sich aus der Kommunikation zurückziehen und verstummen.

Nun trägt nicht jeder einen Monolog haltende ein Hörgerät, doch bevor wir unser Urteil durch den Filter unserer Erfahrungen bilden, sollten wir gründlich überprüfen, ob wir auch alle Informationen haben, um eine Situation bewerten zu können. Meist bewegen wir uns in Annahmen und diese wiederum verfälschen eben unsere eigene Wahrnehmung.

Ähnlich verhält es sich, wenn wir auf das Spektrum psychischer Erkrankungen blicken. Es kann jeden und jede treffen. Das Ursache-Wirkungs-Prinzip psychischer Erkrankungen bewegt sich auf einer enormen Spannweite. Trauma, verdrängte Ängste, chemische Prozesse unseres Gehirns, genetische Vorbelastung und vieles mehr können psychische Erkrankungen hervorrufen. Diese können die Wahrnehmung massiv beeinträchtigen, Wesenszüge komplett verändern oder sogar zu Wahnvorstellungen führen. Die Wirklichkeitskonstruktion der Betroffenen kann massiv von der ihrer Mitmenschen abweichen, viel mehr noch, als sie es zwischen psychisch gesunden Menschen ohnehin tut. Wichtig ist, dass wir akzeptieren, dass es diese Art der Erkrankung gibt, und dass sie verschiedene Züge und Ausmaße annehmen kann. Meist nehmen die Betroffenen ihre Erkrankung selbst lange nicht wahr oder halten ihre Realität für die einzig wahre. Auch für ihr Umfeld kann dies zur Belastungsprobe werden.

Vom ersten Verdacht über Beobachtung und aktive Ansprache vergeht meist viel Zeit, die wir mit dem Kampf um die Wirklichkeit verbringen. Manchmal wollen wir dann nicht wahrhaben, dass ein geliebter Mensch oder langjähriger Kollege plötzlich eine „verzerrte“ Wahrnehmung aufweist. Eine ganze

Weile versuchen wir, ihn oder sie vom Gegenteil zu überzeugen, nämlich von unserer Realität. Wir diskutieren und kämpfen, versuchen Beweise vorzubringen und nichts hilft. Erst in einem Moment der Verzweiflung, wenn wir feststellen, dass keine sachliche Argumentation greift, verstehen wir, dass der Mensch, mit dem wir über die Realität diskutieren, tatsächlich Hilfe braucht, die wir ohne psychologische Unterstützung nicht leisten können. Wer die Entwicklung und den Verlauf von beispielsweise Demenz oder Depressionen im engen Umfeld miterlebt hat, der wird seine Sinne schärfen für die ersten Anzeichen dieser Erkrankungen. Wir dürfen verstehen, dass Kommunikation auf dem Fundament von sachlicher Argumentation nur bedingt möglich sein wird, insofern sich eine psychisch erkrankte Person selbst noch nicht über ihren Zustand bewusst ist. Solange wir jedoch selbst nicht wahrhaben wollen, dass die Betroffenen ihre Realität nicht anders erleben können, so lange werden wir versuchen, sie mit Diskussion und Beweisführung von unserer eigenen Wirklichkeit zu überzeugen. Dann wird die demenzkranke Großmutter von Verwandten angeschrien, weil sie behauptet, die eigene Enkeltochter hätte sie bestohlen. In ihrer aktuellen Wirklichkeit ist es genauso, weil sie das Portemonnaie nicht finden kann. Wie lange diese Wirklichkeit für sie anhalten wird, ist unklar.

Und wenn wir ehrlich zu uns sind, dann ist der Nährboden für jeden Konflikt unsere Überzeugung, dass nur die eigene gefühlte und erlebte Realität wahr ist. Wir versuchen, unsere Mitmenschen in die Form unserer Wahrnehmung zu befördern, anstatt in erster Linie anzunehmen, dass alle Perspektiven ihre Berechtigung haben.

Anders ist anders.

Grundbedürfnisse

Der bewusste oder unbewusste Wunsch zur Erfüllung unserer menschlichen Grundbedürfnisse entscheidet maßgeblich über unsere innere Haltung und den Grad unserer Zufriedenheit.

Die subjektive Zufriedenheit eines Menschen basiert aus psychologischer Sicht aus vier Grundbedürfnissen, welche sich im dynamischen Gleichgewicht befinden sollten: Sicherheit, Veränderung, Freiheit und Verbundenheit.

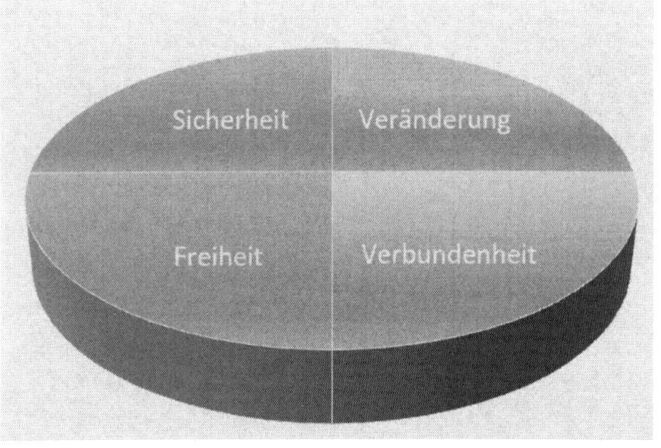

Um dieses Phänomen zu veranschaulichen, möchte ich dir die Geschichte von Ben schildern. Er ist 34 Jahre alt und arbeitet seit dem Abschluss seines Studiums für ein erfolgreiches IT-Startup. Ben ist unter seinen Kollegen als so genannter „Moralapostel“ verschrien, da er grundsätzlich seine Meinung über Kollegialität und Zusammenhalt kundtut und dabei schnell in die offenkundige Vorverurteilung von KollegInnen geht, denen das soziale Bedürfnis des Teamzusammenhalts augenscheinlich nicht so wichtig ist. Da wird schon mal gelästert, wenn Kollegin Maja das zweite Feierabendbierchen in diesem Monat absagt, weil sie an diesem Tag lieber zu Hause ist. Maja hatte einmal angedeutet, dass ihr die Pausenzeiten mit dem Team ausreichen würden, um sich wohlzufühlen und sie persönlich nicht zur Arbeit kommen würde, um Freunde zu finden, sondern gerne ihre Arbeit erledige, um zukünftig weiter aufzusteigen. Ab diesem Zeitpunkt hatte Ben nur noch „rot“ gesehen und jegliche Kommunikation zu seiner Kollegin eingestellt, dafür aber die Kommunikation *über* Maja vor den Kollegen verstärkt. Die berufliche Laufbahn über den Teamgedanken zu stellen und nur zum Geld verdienen auf der Arbeit zu erscheinen, wo hier alle ein freundschaftliches Verhältnis pflegen würden, das ist Ben zunächst einmal völlig neu und er mag diese Einstellung auch nicht. Doch umso länger er sich in den Lästereien und der Ablehnung von Majas Haltung verliert, desto weiter „zoomt“ er aus seiner eigenen Haltung heraus. Er bemerkt plötzlich, dass er sein Bedürfnis nach Zugehörigkeit im Team so weit oben angeheftet und zum Maßstab für Kollegialität gemacht hat, dass er neben der ganzen Planung der Team-Events und Feierabend-Treffs sein Privatleben vernachlässigt hat. Der Egoismus, den er Maja ursprünglich vorwirft, erscheint ihm plötzlich zu einem gewissen Maße attraktiv, da dieser auch eine gewisse innere Entspannung mit sich bringt und die Freiheit dazu, Freizeit mit der Familie zu verbringen. Ben schraubt seine Aktivitäten mit den KollegInnen etwas nach unten und stellt fest, dass er nicht nur wesentlich mehr Freizeit hat, sondern auch eine große innere Freiheit erlebt, sich selbst nicht zum Feierabendbierchen zu „verdonnern", sondern nur dann teilzunehmen, wenn er wirklich nichts anderes vor hat. Er erkennt, dass die Haltung seiner Kollegin für sie persönlich richtig war und sich keinesfalls gegen ihn oder die Kollegen richtete. Es ist sogar möglich, dass Ben sein Bedürfnis nach Zugehörigkeit im Team eines Tages so weit reduziert und das Bedürfnis nach finanzieller Sicherheit so sehr steigert, dass er, der „Moralapostel", von einem auf den anderen Tag kündigt, da er ein Jobangebot in einem anderen Unternehmen erhalten hat, welches das doppelte Gehalt veranschlagt. Er hat sich für das Geld entschieden und dabei die Kollegen, mit denen er nach Feierabend so gern um die Häuser zog, augenscheinlich im Stich gelassen. So könnte die Annahme der KollegInnen lauten - jedoch bleibt verborgen, dass Kollege Ben Familienvater von vier Kindern ist und seit Jahren nicht im Urlaub war, da ihm bisher die finanziellen Mittel gefehlt haben. Er hat sich in diesem Fall für ein anderes Team entschieden, nämlich für das Team der Familie.

Die Interpretation unserer Werte und deren Ausgestaltung ist folgerichtig kontextbezogen und immer einer inneren Bewertung unterlegen. Wie ich die Werte meines Gegenübers wahrnehme und beurteile, entspringt demnach ebenfalls meinem eigenen Filter und dem individuellen Kontext. Grundbedürfnisse und gelebte Werte können als Anpassungsmechanismen verstanden werden, die es uns überhaupt ermöglichen, uns in eine soziokulturelle Umwelt einzufügen. Schaffen wir es, diese Bedürfnisse zu großen Teilen zu befriedigen, so wirkt sich dieser Zustand auf das innere Wohlbefinden aus.

Besonders dann, wenn wir auf das Verhalten neuer Arbeitsgenerationen blicken, ist es von unschätzbarem Wert, wenn Vorgesetzte den Spagat schaffen zwischen der praktischen Anwendung von Bedürfnistheorien und der Wahrnehmung jedes Mitarbeiters und jeder Mitarbeiterin als Individuum. Der Wunsch nach Erfüllung der eigenen Grundbedürfnisse ist dabei für keinen Arbeitnehmer und keine Arbeitnehmerin gleichbleibend. Welches der Grundbedürfnisse momentan für einen Menschen vorrangig zu betrachten ist, passt sich, wie beschrieben, dem Kontext an.

Beispielsweise verändert sich unser Bedarf an Autonomie mit der Veränderung der Aufgaben, dem Arbeitsplatz, dem Wohnort und privater Umstände. Gehörtest du früher eher zur Fraktion „Ellenbogen“ und hast in deiner alten Position gelernt, nur mit Härte und Egoismus ans Ziel zu kommen, so hat dich dein Berufsleben oder deine Gesundheit vielleicht irgendwann wissen lassen, dass du nicht alles allein machen kannst. Heute steht möglicherweise Kollaboration und Teamarbeit im Vordergrund deines Schaffens. Es ist also ein Kennzeichen moderner Führung, nicht genau zu wissen, was der einzelne Mitarbeiter oder die einzelne Mitarbeiterin momentan motiviert oder befähigt. Alle sprechen von Wertschätzung, doch wie wird das Bedürfnis nach Wertschätzung erfüllt, wenn ich die aktuellen Werte meiner KollegInnen, MitarbeiterInnen oder Vorgesetzten gar nicht kenne? Wertschätzung und die Berücksichtigung der individuellen Bedürfnisse kann nur über die regelmäßige Beantwortung einer einzigen Frage gelingen:

Was brauchst du?

… um dich motiviert zu fühlen?

… um dich als Teil des Teams zu sehen?

… um dich wertgeschätzt zu fühlen?

Diese Frage ist, regelmäßig gestellt, die höchste Form der Wertschätzung, denn sie erlaubt dem oder der Befragten eine authentische Angabe eigener **aktueller Bedürfnisse und Werte.**

Bedenke dabei: Mit den Werten verhält es sich ähnlich wie mit der heißen Herdplatte. Wenn mir niemand verrät, wo genau auf dem Kochfeld diese heiße Herdplatte ist, diese nicht glüht, keine Lampe leuchtet und kein Kochtopf darauf übersprudelt, ich jedoch im hektischen Arbeitsalltag immer mal wieder unter Zeitdruck diese Herdplatte nutzen muss, so erkenne ich die heiße Herdplatte erst dann, wenn ich sie direkt berühre. Die Nachbehandlung der Verbrennung ist aufwendig und das Ärgernis über die Unwissenheit vorprogrammiert.

Genauso ist es mit unseren Werten. Meist lernen wir unser Gegenüber erst dann kennen, wenn wir seine Werte missachtet haben. Dann entsteht ein Konflikt, der sich auf unterschiedlichste Art und Weise äußern kann. Die Nachbereitung des Ereignisses ist genauso aufwendig wie die Behandlung der Verbrennung durch die heiße Herdplatte.

Ben, der seit ein paar Monaten in einem neuen Unternehmen tätig ist, durfte zwischenzeitlich auch einmal richtig auf die heiße Herdplatte greifen. Er hatte zuvor für den besagten IT-Dienstleister gearbeitet. Es gab flache Hierarchien, die meisten Kollegen waren etwa im gleichen Alter, alle waren per Du und durch die vielen gemeinsamen privaten Aktivitäten erlebte er sogar Führungskräfte mehr als Freunde mit gemeinsamer Mission. Doch nun ändert sich die Lage und so wird Ben eher als aufdringlich empfunden, als er ungefragt alle duzt und nach drei Monaten zum zweiten Mal fragt, ob die KollegInnen nicht Lust hätten, nach Feierabend auf ein Bierchen auszugehen. Ihm fehlt es ganz offenbar daran, die freundschaftliche Beziehungsebene mit den KollegInnen und Vorgesetzten zu leben. Seinem neuen kollegialen Umfeld fehlt die Distanz und Ben wird als „übergriffig“ angesehen. Als er dem Geschäftsführer des Traditionsbetriebes, für das Ben nun als IT-Administrator arbeitet, auf die Schulter klopft und sagt: „Was *ist mit dir, Tobias!? Bock auf ein Bier nach Feierabend?"*, kippt die Stimmung drastisch. Tobias ist es als Juniorchef gewöhnt, genau wie sein Vater als Geschäftsführer gesiezt zu werden und einen respektvollen Abstand zu MitarbeiterInnen zu wahren. Dieses unausgesprochene Gesetz kennen die anderen Kollegen ausnahmslos und würden auch nicht auf die Idee kommen, ihn zu duzen oder ihm körperlich nahe zu kommen. Doch Ben, der hippe IT-ler, versteht die Zusammenarbeit eben genau so und denkt sich nichts Böses dabei.

Es ist wichtig zu verstehen:

Das einzige Mittel, um Wertekonflikte zu vermeiden, ist die radikale Transparenz!

Dazu muss ich meine eigenen aktuellen Werte erstmal kennen! Ich muss in der Lage sein, zu sagen, was ich brauche, um diese Wertvorstellung erfüllt zu sehen und ich muss in der Lage sein, wertschätzend auszudrücken, wenn sie verletzt wurden.

Wären die aktuellen Normen des Unternehmens oder die unterschiedlichen Nähe-Distanz-Bedürfnisse von Tobias und Ben klar gewesen, so wäre es nicht zum Eklat gekommen. Ben hätte sein Verhalten entweder anpassen können, oder er hätte im Vorfeld viel besser abschätzen können, ob die Werte des Unternehmens mit seinen eigenen Werten übereinstimmen.

Wie gehen wir mit den Werten unserer Mitmenschen um?

Wertvorstellungen sind Wesensmerkmale. Sie werden von Personen innerhalb einer Wertegemeinschaft vermittelt und von anderen Personen adaptiert. Dabei gelten sie als besonders erstrebenswerte ethische oder moralische Verhaltensweisen, sonst würde ja auch keiner mitmachen. Sie drücken sich durch unsere Bedürfnisse aus.

Aus Werten und Normen entstehen unsere Glaubenssätze und Handlungsmuster, die sich mit zunehmender Lebenserfahrung und im jeweiligen Kontext verändern können. Begriffe für Werte beschreiben häufig moralisch vertretbare Eigenschaften. Sie definieren den Wunsch an die zwischenmenschliche Interaktion, welche die zwischenmenschliche Qualität unseres gemeinsamen Alltags bestimmen.

Kurzum: Diese Merkmale sind uns im gemeinsamen Miteinander wichtig und wertvoll.

Beispiele für Werte unserer Arbeitswelt: Loyalität, Teamfähigkeit, Erfolgsorientierung, Anerkennung, Bescheidenheit, Dankbarkeit, Ehrlichkeit, Zuverlässigkeit, Diplomatie, Lösungsorientiertheit,

Kommunikation, Kompetenz, Menschlichkeit, Selbstbewusstsein, Zufriedenheit etc.

Die Liste ließe sich beliebig fortsetzen.
Wenn ich in meinen Seminaren einen wertvollen Einstieg wähle und die TeilnehmerInnen darum bitte, ihre Werte aufzuschreiben und einander vorzustellen, so befindet sich häufig das Wort Wertschätzung unter den aufgeführten Top fünf der Werteliste.

Doch wie schätzt du die Werte der anderen, wenn du diese gar nicht kennst?

Werte können nur dann geschätzt werden, wenn sie allen Beteiligten bekannt sind.

Lasst uns unsere Werte transparent machen! Bitte definiere nun für dich die drei wichtigsten persönlichen Werte in deinem Berufsleben:

Hast du schon einmal darüber nachgedacht, diese in deine Signatur aufzunehmen oder an der Bürotür festzumachen? Du wirst nicht glauben, wie sich dein Arbeitsleben verändern wird, wenn deine

KollegInnen und Mitarbeitenden deinem Beispiel folgen.

Wertschätzung beginnt damit, die Werte des anderen zu erfahren, ohne sie vorher zu verletzen. Eine radikale Transparenz in puncto Werte verhindert eine Zusammenarbeit auf Basis gegenseitiger Annahmen und führt trotz Individualität zur Bildung einer wirklich toleranten Gemeinschaft.

Innere Antreiber

In den meisten Fällen kommen wir nicht auf die Welt mit der festen Absicht, Führungskraft zu werden. Selbst wenn die eigenen Eltern das Führungskräfte-Dasein vorleben, so gibt ein Kindergartenkind trotzdem an, Feuerwehrmann oder Tierärztin werden zu wollen, eben weil unseren Kindern diese Themen durch die spielerische Interaktion mit ihren Sozialpartnern bekannt sind. In den seltensten Fällen spielen größere Geschwister oder gar Eltern „Ich bin Chef und trage eine große Verantwortung für über 500 MitarbeiterInnen". Häufiger lässt sich das Prinz- und Prinzessinnen-Thema beobachten oder das Thema Kampf mit umfunktionierten Stöcken oder Spielzeugpistolen. Kleine und große Rollenspiele geben uns einen Vorgeschmack auf einen Anteil in uns, welcher sich erst viel später in unterschiedlicher Intensität manifestieren wird – unsere inneren und der Umwelt meist verborgenen Motive. Doch was genau sind Motive? Aus dem lateinischen „movere" übersetzt bedeutet dies in etwa so viel wie „bewegen" oder „antreiben". Doch wann genau und für was genau setzen wir uns eigentlich in Bewegung?

Zum Beispiel zur Erreichung von Macht. Einen entscheidenden Beitrag zur Entwicklung unseres **Machtmotivs** und unserer Lust dazu leisten unsere Eltern im Zuge unserer Erziehung. Insbesondere in den ersten prägenden Jahren unseres Lebens entscheidet sich, ob wir Krieger oder Hofnarr sein wollen oder doch Königin, vielleicht auch Puppenmutti. Dieser Bereich unseres Lebens erhält in meinen Konflikttrainings besondere Aufmerksamkeit und wird dir in den folgenden Seiten als das „verborgene innere Kind“ wieder begegnen. Dieses innere Kind nimmt mittlerweile einen hohen Stellenwert in der bewussten Entwicklung reflektierter Erwachsener ein. In meiner Auffassung ist die Bewusstwerdung über das eigene Verhalten und dessen Entstehung der erste Schritt zur Selbstreflexion und Potenzialentfaltung.

Das Motiv der Macht ist von besonderer Bedeutung in der Frage *„Welche berufliche Rolle möchte ich einnehmen?“*. Wir beantworten uns die Frage nach der Macht dabei teilweise bewusst, manchmal unbewusst. Jedoch ist sie nicht die einzige gewichtige Komponente auf unserem Weg an die Spitze. Wir bewegen uns hier messerscharf zwischen extrinsischer und intrinsischer Motivation. Bei Erstgenannter entsteht der Antrieb von außen. Hier steht ein klares Ziel im Vordergrund, dessen Erreichung mit sozialen oder monetären Vorteilen verbunden sein soll. Das Machtmotiv ist eng verknüpft mit der Aussicht auf gesellschaftliche Anerkennung. Dabei kann es verschiedene Ausmaße annehmen. Ein Politiker kann die größte Bühne suchen und sich dabei unbewusst nur ein einziges

Mal die Anerkennung seiner Eltern wünschen. Die Modedesignerin wird unter Umständen erst eine kurzweilige Befriedigung verspüren, wenn sie und ihre Mode das Titelblatt berühmter Modezeitschriften zieren, anstatt sich damit zu begnügen, dass die Mode schlichtweg gekauft und getragen wird.

Doch gibt es insgesamt neben dem Streben nach Macht weitere bedeutende Motive, die zur Wahl unseres Berufs oder gar zur Erlangung einer Führungsposition führen und unseren Blick auf unsere Umwelt damit für immer verändern. Alle verbindet der Wunsch, Lust zu fühlen und Unlust zu vermeiden. Wir erlangen also Lust und gute Gefühle durch Zugehörigkeit, Bestätigung unserer Leistung und Entlohnung. Auch der Abbau von Schuldgefühlen hat keine unbedeutende Rolle für die Ausprägung unseres Machtmotivs, da Schuld wiederum ein fremdbestimmter und als Glaubenssatz tief in uns verwurzelter Zustand ist.

Stärken wir mit der Erfüllung des Machtmotivs also lediglich unser Ego? Eines unserer größten unbewussten Ziele ist es, das uns oft unbewusste innere Kind, welches sich selbst durch innere Glaubenssätze aus seiner Prägung heraus als wertlos erachtet, zu heilen. Dieses Streben wird durch Status und Anerkennung für einen kurzen Augenblick betäubt. Die Heilung dieser kindlichen Wunde kann jedoch aus meiner Erfahrung heraus nur dann erfolgen, wenn ich mir ihrer überhaupt bewusst bin und mein Machtstreben als Kompensation erkenne. So darf ich mir als Vorgesetzte oder Vorgesetzter, aber auch ohne Personalverantwortung, immer dann über diesen Umstand bewusst sein, wenn ich mich in den Interaktionen meines Berufslebens befinde oder diese beobachtend versuche, einzuschätzen. Unser Filter besteht aus so unendlich vielen Facetten und Spektren wie es Menschen und Geschichten dazu gibt.

Eigentlich wissen wir, wenn wir uns in die Interaktion mit anderen Menschen begeben, nur eines: dass wir nichts wissen.

Das wusste schon Sokrates (469 v. Chr. - 399 v. Chr.)

Das **Leistungsmotiv**. Es ist auf Verdienst und damit auf die Erfüllung sozialer Sicherheit und Anerkennung ausgerichtet. Auch damit wird das eigene Ego lediglich gestützt, jedoch wird es nie reifen oder dauerhaft stabilisiert, wenn wir die Gründe für dieses Leeregefühl nicht betrachten.

Dann haben wir es mit dem typischen Manager zu tun, der nach der Erreichung seiner höheren, schnelleren und weiteren Ziele den teuersten Wagen fährt und auf dem Höhepunkt seiner Karriere todtraurig die Familie verlässt, weil er in ein tiefes

Loch fällt, da er sich nicht erklären kann, wo diese Leere herkommt. Er hat so hart gearbeitet, um all das zu erreichen. Doch ist es erreicht, bemerkt er, dass er einem Ziel hinterherjagte, von dem er sich Zufriedenheit und innere Ruhe erhoffte. Das findet er jedoch nicht. Er wird sich möglicherweise in einer Spiel- oder Romanzensucht betäuben oder exzessiv Sport treiben, um sich durch den kurzen Kick der Glücksgefühle endlich einmal wieder selbst zu spüren.

Die Wirkung der ausgelebten Motive Macht und Leistung sinkt also mit der Zeit. Es entsteht ein Gewöhnungseffekt unseres Belohnungszentrums, der nur mit neuen, noch intensiveren Anreizen wieder angekurbelt werden kann. Beispiele dafür sind permanenter Jobwechsel, angestrebte Beförderungen bis an die Spitze, die Übernahme von noch mehr Verantwortung, Gehaltserhöhungen und Benefits im Sinne von Statussymbolen wie großen Dienstwagen. Meist haben wir intuitiv das richtige Gespür, wenn wir einem Menschen mit dieser Motivation gegenüberstehen.

Durch das **Zugehörigkeitsmotiv** streben wir durch die Erfüllung von Erwartungen nach Gewinn in Form von Zuwendung und Verbundenheit. Menschen mit diesem Motiv haben es besonders schwer, eine Befriedigung durch ihr Handeln zu erfahren, vor allem dann, wenn ihnen der Applaus ihres Umfeldes fehlt. In einer Einzelsitzung beschrieb eine erfahrene Führungskraft diesen Antrieb als ein Gefäß, das niemals voll werden könnte, da sie das Gefühl der Zugehörigkeit in ihrer Kindheit niemals erfahren hatte.

Wie bei allen Motiven liegt die Entstehung und Ausprägung in unserer Kindheit. Unser Leben lang versuchen wir, die Aspekte unseres Lebens auszugleichen, in denen wir als Kind einen gefühlten oder erlebten Mangel erfahren haben. Hat uns die Zuwendung und Aufmerksamkeit unserer Eltern gefehlt, werden wir möglicherweise eine große Bühne in unserem Leben suchen, um Aufmerksamkeit zu erlangen. Doch diese Aufmerksamkeit ist niemals genug, insofern wir nicht verstehen, weshalb uns dieses Motiv antreibt. Haben Eltern ihre Liebe ausschließlich an Leistung oder Gehorsam geknüpft, oder wurde bei Fehlverhalten massiv gestraft, so werden wir alles tun, um im Erwachsenenalter alle Anforderungen unseres sozialen Umfelds bis zur Perfektion zu erfüllen.

> Die Wiederholung unserer Kindheit inszenieren wir also immer wieder selbst mit der Hoffnung auf einen besseren Ausgang.

Je ausgeprägter Macht-, Leistungs- oder Zugehörigkeitsmotiv sind, desto größer sind die Bühnen, auf die sich der Mensch begibt. Diese Vertreter finden wir im großen Rampenlicht der Öffentlichkeit. Zudem glauben die Betroffenen häufig, sie wären irgendjemandem etwas schuldig. **Das Motiv der Schuld** kurbelt ihre Leistungsbereitschaft also in einem gewissen Maße zusätzlich an. Diese Mitarbeitenden und Führungskräfte neigen zu Grübeleien, schlechtem Gewissen und permanenter Erreichbarkeit. Sie glauben, durch Leistung liebenswert zu sein und hoffen darauf, sich dadurch selbst wieder zu fühlen, ohne es in Betracht zu ziehen, so zu genügen, wie sie sind.

Welche Motive treiben dich zu wie viel Prozent an? Zeichne deine inneren Antreiber prozentual in das Kuchendiagramm.

Extrinsische Motivation		**Intrinsische Motivation**
von außen auferlegt		aus Freude am Schaffen
Motive		**Motive**
▪ Macht ▪ Leistung ▪ Zugehörigkeit	VERSUS	▪ Sinn und Zweck ▪ Innere Zufriedenheit ▪ Kreativität

Mit Sicherheit hast du soeben festgestellt, dass es kein alleiniges Motiv gibt, welches deinen Antrieb in dieser Arbeitswelt einhundertprozentig ausmacht. Sollte sich an dieser Stelle eine Verzweiflung bei dir bemerkbar machen, oder die Fragestellung: *„Wie kann ich sicher sein, was genau meine Antreiber sind?"*, kann ich dich beruhigen. Auch deine inneren Antreiber werden sich situativ, also dem Kontext entsprechend, verändern. Es ist zur Ermittlung der inneren Antreiber von Vorteil, sich an die eigene Kindheit und die Erwartungen sowie Reaktionen und Handlungsweisen der eigenen Eltern zu erinnern. Sei dir dabei immer bewusst darüber, dass die Bezugspersonen deiner Kindheit ihr Bestes gaben, denn auch sie haben eine Prägung erfahren und damit können wir nur auf zwei Arten umgehen:

1. Wir bleiben unbewusst und ahmen Verhaltensweisen und Schutzstrategien unserer Prägung nach.
   ODER
2. Wir werden uns darüber bewusst, reflektieren unser Verhalten und können uns damit aktiv verändern.

Auf die genaue Definition deines Motivs kommt es bei dieser Übung nicht vordergründig an, sondern vielmehr darauf, dich selbst dabei zu ertappen, wenn du dich oder deine KollegInnen für die Art und Weise ihres Handelns vorschnell verurteilst. Schalte deine Gedanken auf einen großzügigen

Weitwinkel um, und du darfst erkennen, dass jeder und jede jeden Tag sein oder ihr Bestes gibt.

Jage keinem Druck nach, der gar nicht zu dir gehört! Finde die Freude an der Erfüllung deiner Aufgabe wieder!

Freude spüren wir vor allem dann, wenn wir unserer **intrinsischen Motivation** folgen.

Diese stellt einen deutlichen Kontrast zur extrinsischen Motivation dar. Dabei interagiert der Mensch aus dem Antrieb heraus, Freude **und Befriedigung in und während seiner Aufgabe zu finden.** Seine Aufgaben begeistern ihn und fordern ihn gleichzeitig. Dabei entsprechen sie seinen eigenen Vorstellungen und Werten.

So gesehen können die beiden Motivationstypen recht schnell während ihres Schaffens identifiziert werden. Während der strebsam intrinsisch Motivierte auch ganz allein in seinem Büro Glück und Freude für seine Aufgabe entwickelt und sein Umfeld an seinem inneren und äußeren Reichtum teilhaben lässt, ist der extrinsisch Motivierte angewiesen auf Bestätigung, hohe Vergütung weit über Bedarf und ein entsprechendes Maß an Anerkennung. Die Bühne wird niemals groß genug sein, der Topf der Liebe niemals voll. Schuld sind die anderen, wenn sein Motiv nicht befriedigt wird. Seine Mitmenschen dürfen das dann meist auch spüren.

Geraten extrinsisch und intrinsisch Motivierte in einen Arbeitskonflikt, ist die Barriere zwischen den Beiden enorm. Selbst wenn sie die gleichen Werte verfolgen, so sind diese noch lange nicht dieselben, da ihr Ursprung und die Intention der Werte völlig voneinander abweichen.

Tobias, 47 Jahre alt, ist Geschäftsführer eines traditionellen Handwerksbetriebes. Seine Eltern sind die Inhaber. Seinen Einstieg in das Berufsleben hatte er durch eine Berufsausbildung im Familienbetrieb begonnen und später BWL studiert. Neben dem Studium arbeitete er im Familienunternehmen. Fest stand, dass er das Unternehmen einmal übernehmen würde. Tobias galt als distanziert und kühl, selten aufbrausend, aber durchsetzungsstark und sehr gewinnorientiert. Für persönliche Befindlichkeiten der Mitarbeitenden interessiert er sich nicht tiefgründig. Er beschreibt die letzten zehn Jahre seiner Tätigkeit wie folgt: *„Ich habe ganz schön einstecken müssen. Die alteingesessenen MitarbeiterInnen haben es mir nicht leicht gemacht, besonders Frau Graf aus der Buchhaltung."*

(Siehe Zusatzmaterial auf S.97, Die heimliche Königin der Grauorganisation - eine Kurzgeschichte)

Gerade während der Berufsausbildung glaubten viele, ich sei von Beruf Sohn und würde nicht richtig mit anpacken. Ich musste mir meinen Stand hart erkämpfen. Die Anerken-

nung meines Vaters habe ich eigentlich nie erhalten. Er hat mich zu großen Teilen sogar ignoriert. Darüber gesprochen haben wir nicht. Ich glaube, er hat das so gemacht, um mich nicht offenkundig zu bevorzugen. Für mich persönlich war es sehr schmerzhaft, nie ein Wort des Lobes oder der Wertschätzung zu erhalten. Als ich während seiner langen Krankheit die Leitung des Unternehmens übernommen habe, hatte ich ähnliche Hürden zu bewältigen. Die MitarbeiterInnen verstanden meine Art der Führung nicht. Ich musste mich kräftig durchsetzen, um vom „Streichelkurs" meiner Eltern abzukommen und betriebswirtschaftliche Kennzahlen einzuführen. Von vielen Mitarbeitenden musste ich mich trennen, da sie Veränderungsprozesse und eine gewinnorientierte Vergütung ablehnten. Als ich die Firma komplett saniert hatte und die Unternehmensnachfolge antreten wollte, tauchte plötzlich meine Schwester Tanja auf, für mich eine einzige Katastrophe.

Tobias' Schwester Tanja ist vier Jahre jünger als er. Sie hat Marketing in London studiert und war, nach Tobias' Ansicht, schon immer ein Freigeist. *Ungebunden, unzuverlässig, sprunghaft* – so beschreibt Tobias seine Schwester. Tanja möchte zurück nach Deutschland, um hier endlich sesshaft zu werden. Als die Eltern dies hören, wittern sie die Chance, ihre Tochter wieder in ihrer Nähe zu haben und bieten ihr eine eigene Stelle im Familienbetrieb an. Tanja willigt ein und freut sich auf die Arbeit. Marketing, so etwas gab es im Traditionsbetrieb noch nicht. Tanja ist ein absoluter Profi auf ihrem

Gebiet und startet direkt durch. Der in der Entscheidung übergangene Tobias jedoch kämpft nun mit mehreren inneren Konflikten: Er glaubt, seine Schwester würde sich ins gemachte Nest setzen und von seinem Erfolg profitieren. Er befürchtet, sie könnte sich ebenfalls für die Unternehmensnachfolge interessieren und stellt vorsorglich jegliche Kommunikation mit ihr ein. Dies spürt nicht nur Tanja, sondern auch alle MitarbeiterInnen und so verändert sich das Klima innerhalb weniger Wochen. Tanja hingegen, die ihre Aufgabe mit Hingabe und Begeisterung erfüllt und vor Ideen nur so sprüht, kniet sich richtig rein. Sie denkt nicht daran, die Unternehmensnachfolge anzutreten und freut sich grundsätzlich erst einmal über die fantastische Chance, die ihr die Eltern eingeräumt haben. Ob sie ein Jahr bleibt oder fünf, das weiß sie noch nicht, jedoch möchte sie ihren Bruder und das Unternehmen voranbringen. Auch das wird von den Mitarbeitenden bemerkt. Sie freuen sich über Tanjas herzliche und offene Art, mit ihnen umzugehen, sie scheint die Herzen der MitarbeiterInnen zu berühren. Ihr offenes Ohr und die vielen kreativen Ideen, die sie hat, kommen gut an. Die Eltern loben sie sogar für ihren Enthusiasmus. Gleichzeitig scheitern alle Versuche, mit ihrem Bruder zu kommunizieren und enden in lauten Ansagen von seiner Seite. Er spricht über das Budget und stellt die Sinnhaftigkeit eines Marketings für einen Handwerksbetrieb infrage. Tanja verspürt dadurch eine große Demotivation und fragt sich, ob der Schritt zurück zur Familie der richtige war. Ihr hohes Gehalt tröstet sie an dieser Stelle nicht, da sie grundsätzlich nur wenig an materiellen Werten hängt. Alle Vorschläge zum Marketing des Unternehmens scheitern. Und so verhärtet sich die Situation zwischen den Geschwistern.

Tobias hofft, aufgrund der gefühlten inneren Verletzung, niemals vom Vater bestätigt oder gelobt worden zu sein, auf dessen Anerkennung. Derselbe Mensch, der möglicherweise ohne schlechte Absicht die kindliche Wunde verursacht hat, soll diese nun quasi „in Personalunion" heilen. Der Juniorchef trotzt allen Hürden und Unannehmlichkeiten bis zur Erschöpfung und kämpft sich weiter durch den Wandlungsprozess des Unternehmens, um ein einziges Mal von seinem Vater bestärkt zu werden. Wäre ihm dies selbst bewusst und könnte er diesen Fakt mit seiner Schwester oder gar den Eltern besprechen, so würde die deeskalierende Wirkung sofort eintreten. Momentan geht Tobias unbewusst an seinen Arbeitsalltag und sieht in seiner Schwester Konkurrenz. Bereits ihre Anwesenheit suggeriert ihm, erneut vom Ziel der Anerkennung abzukommen. Er versteht an diesem Punkt noch nicht, dass er, getrieben von unbewussten Motiven, auch viel weniger Kraftanstrengung und Härte investieren und den Erfolg des Unternehmens auf mehreren Schultern aufbauen könnte. Es muss an dieser

Stelle keine künstliche Hierarchie zwischen Bruder und Schwester geben, um Platz eins und zwei zu definieren. Denn, was ihm an dieser Stelle ebenfalls nicht bewusst ist: Sein Vater ist stolz auf ihn! Dieser ist jedoch selbst in seiner Kindheit für das Zeigen und Äußern jeglicher Gefühle als „schwach" angesehen worden und vermeidet daher jeglichen Blick in seine Gefühlswelt. Insbesondere vor eher „kühlen" Persönlichkeiten, wie es Tobias nach außen darstellt, bleibt der Vater verschlossen, da ihn dieses Temperament an seinen eigenen Vater erinnert, welcher ihn in seiner Gefühlswelt stets ausbremste. *„Ein echter Indiander kennt keinen Schmerz!"* hörte er damals, als er als Kind hinfiel. *„Es ist ja nun gut", bekam* er zu verstehen, als er sich in der Kindheit überschwänglich freute. *„Sei nicht so empfindlich!"*, war die Antwort, als er Trost suchte. Irgendwann hatte er beschlossen, gar keine Gefühle mehr zu zeigen, da bei jedem Versuch Frustration einsetzte. *„Es waren andere Zeiten. Meine Eltern wollten nicht, dass ich schwach bin, falls unser politisches oder wirtschaftliches System erneut zusammenbricht. Sie hatten immerhin den Krieg erlebt. Ich weiß heute, dass sie es nur gut mit mir meinten."* So schildert der heutige Senior seine Prägung während unseres Beratungsprozesses.

Mit der Bewusstwerdung über innere Antreiber oder innere Verhinderer und die daraus entstehende Motivation können wir uns selbst verstehen und hören auf, im Außen nach Lösungen zu suchen. Wenn wir Ruhe und Zufriedenheit suchen, finden wir diese nur an einem einzigen Ort: in uns selbst.

Zufriedenheit ist das höchste Gut unseres menschlichen Daseins. Dieser Zustand ist so wertvoll und erstrebenswert, da er so schwer zu erreichen ist und immer nur für einen kurzen Moment anhält.

Bekanntlich wollen wir Menschen immer das, was wir gerade eben nicht haben können.

Oftmals nehmen wir uns nicht die Freiheit, in uns hineinzuhören und uns intensiv mit den Fragen unseres Lebens zu beschäftigen: ‚*Was will ich wirklich?*', ‚*Was bereitet mir Freude und was bietet Potenzial für meine Zufriedenheit?*', ‚*Was ist mein Zweck?*'.

Ich habe verschiedene Wege in meinem Leben eingeschlagen. Viele Menschen haben mich dabei begleitet, einige haben mich dafür belächelt, doch ich würde es immer wieder ganz genauso tun. Vincent Van Gogh soll einmal Folgendes gesagt haben:

„Die Normalität ist wie eine gepflasterte Straße, man kann gut darauf gehen – doch es wachsen keine Blumen auf ihr."

Dieses Zitat schenkte mir Freiheit in meiner Denkweise. Ich habe mich davon befreit, einem stringenten Plan, gesellschaftlichem Druck oder Konventionen zu folgen. Keine Route in meinem Leben, die mir eines meiner „externen Navigationssysteme" diktierte, hat jemals funktioniert. Heute fahre ich nach Gefühl. Vielleicht komme ich nicht so schnell zum Ziel, vielleicht habe ich mich verfahren, vielleicht haben mir viele Menschen Ratschläge für meine Strecke gegeben, doch dort, wo ich angekommen bin, fühlt es sich richtig mit mir selbst an.

Heute darf ich mich Arbeitgeberin nennen, nicht Führungskraft, denn ich bin der Auffassung, dass kein Sehender geführt werden muss.

Bauchgefühl und Trigger

Ist dir schon einmal ein neuer Mitarbeiter, eine neue Kollegin oder einfach ein unbekannter Mensch begegnet und du warst dir sicher, dieser Mensch hätte aus irgendeinem Grund ein Problem mit dir? Vielleicht war da ein grimmiges Gesicht oder es fehlte ein freundliches Wort in der Pause. Dein Bauchgefühl sagte dir: *‚Um diesen Menschen mache ich lieber einen Bogen'* oder *‚Der führt nichts Gutes im Schilde'*.

Die entscheidende Frage entsteht an dieser Stelle:

Wie wirklich ist die Wirklichkeit, wenn wir unser Bauchgefühl und unsere subjektive Wahrnehmung als Filter auf zwischenmenschliche Interaktionen legen?

Paul Watzlawicks These dazu lautet: *„Die sogenannte Wirklichkeit ist das Ergebnis von Kommunikation."* Doch möchte ich an dieser Stelle noch eine Ebene tiefer gehen, denn unsere Wirklichkeit oder auch unsere momentane Realität, drückt sich nicht nur in Kommunikation aus, oder wird durch diese geformt. Unsere Wirklichkeit wird bereits nonverbal durch unser Gefühlsleben gebildet. Sicher suchen wir dann nach Indikatoren, die unsere Gefühle bestätigen, jedoch ist es angebracht, grundsätzlich in die Selbstreflexion zu gehen. Dabei sollten wir uns hin und wieder fragen, ob unsere Beobachtung, die wir gerade über einen Menschen anstellen und die Gefühle, die wir dadurch entwickeln, wirklich zu uns gehören, bewusst durch diese Person in uns erzeugt werden, oder ob wir uns lediglich durch unsere Wahrnehmung getriggert fühlen und aufgrund von Annahmen in die Bewertung und Vorverurteilung gehen.

Letzteres geschieht, wenn wir uns unbewusst in inneren Glaubenssätzen bewegen. Diese entstehen durch sogenannte „Introjektionen". Der Begriff stammt ursprünglich aus der Psychoanalyse nach Sigmund Freud und beschreibt einen prägenden Vorgang, der vor allem im Kleinkindalter geschieht. Wir verinnerlichen also ein maßgebliches Wertesystem während unserer Kindheit, welches nicht zu uns gehört, sondern durch das Verhalten unserer Eltern oder direkter Bezugspersonen in uns geprägt wurde. So, wie in unserer Geschichte über Tobias und Tanja (S. 46-51).

Ein Beispiel: Waren meine Eltern grundsätzlich sehr gestresst, überfordert und entsprechend wenig für mich als Kind verfügbar, kann der Glaubenssatz entstehen *'Ich falle zur Last'*, *'Ich muss mich anstrengen und besonders lieb sein, damit mich meine Eltern lieben können'*. Das Kind entwickelt demnach Verhaltensstrategien, um sich anzupassen. Es übernimmt die Verantwortung für die Beziehung zu den

Eltern. Der Mechanismus, der daraus resultiert, heißt Introjektion.

Diese Introjektion ist sehr willkürlich in uns angelegt. Hättest du andere Eltern gehabt oder hätten sie sich in anderen Lebensumständen befunden oder sich anders verhalten, wären auch deine inneren Glaubenssätze andere. In Anlehnung an die, aus meiner Sicht, bedeutsamsten Ratgeber zur Selbstreflexion erwachsenen Verhaltens, von Diplom-Psychologin Stefanie Stahl, arbeite ich auch in meinen Einzelcoachings und Gruppenseminaren mit den „inneren Kindern" der Teilnehmenden, welche häufig Schlüsselfunktionen innerhalb unseres erwachsenen Verhaltens einnehmen und uns dabei häufig unbewusst bleiben.

Basierend darauf könnte man sagen: Es gibt sowohl positive als auch negative Introjektionen, welche unsere Gefühlswelt beeinflussen. Bevor es jedoch zu einem sogenannten Bauchgefühl kommt, müssen wir den Schlüsselreiz dazu wahrnehmen und verarbeiten.

Das erfolgt in den meisten Fällen zuerst durch die visuelle Wahrnehmung. Wir nehmen einen visuellen Impuls wahr und verarbeiten das Bild anschließend. In unserem Gehirn geschieht nun etwas Bemerkenswertes: Wir gleichen das Bild unbewusst mit unserer Erinnerung ab. Das heißt, wir können innerhalb von Sekundenbruchteilen eine Blume als solche identifizieren und eine Kaffeetasse als Kaffeetasse. Gegenstände, die uns bekannt sind, werden sofort als solche identifiziert.

Darüber hinaus gibt es aber auch Beziehungs-Erinnerungen, diese können über die Introjektion sowohl positiv als auch negativ in uns angelegt sein.

Begegnet uns also wieder ein freundlicher Mensch, der uns anlächelt, so nehmen wir den visuellen Impuls auf, gleichen diesen völlig unbewusst mit unserer Erinnerung ab und projizieren diese Erinnerung auf den entgegenkommenden Menschen.

Wir befinden uns in einer Projektion unserer Introjektion, welche uns, je nach Prägung, entweder das Gefühl vermittelt: *‚Dieser Mensch grinst mich schadenfroh an'* oder *‚Ich werde freundlich angelächelt'*. Wir sind also im Umgang mit fremden Menschen niemals objektiv. Ein Lächeln könnte als Grinsen wahrgenommen werden und ein konzentriertes Gesicht als böser Blick. Im Umkehrschluss bedeutet dies, ich unterstelle dem anderen etwas aufgrund meiner inneren, meist unbewussten Prägung. Ich sehe damit im Positiven wie auch Negativen etwas in dem anderen, was nicht zu ihm gehört, sondern zu mir! Da wir selten klar feststellen können, was wirklich zu uns gehört und was wirklich zum anderen, ist dies der Nährboden für Annahmen und damit für jede Art von Konflikt. Lernen wir einen Menschen besser kennen, dann hören wir uns manchmal selbst sagen „*Ich habe dich ganz anders eingeschätzt.*". In diesem Moment dürfen wir uns gewiss sein, dass wir der Wirklichkeit ein Stück näher gekommen sind.

Annahmen verfälschen die Wahrnehmung.

Der wichtigste Schritt, um Situationen im Berufsalltag objektiv einschätzen zu können, ist die Gewissheit darüber, dass jeder jeden Tag sein Bestes gibt. Wir müssen raus aus einem Täter-/Opferdenken und uns darüber bewusst werden, dass jede Wahrheit im Moment der Betrachtung echt und unvollständig ist. Unsere Perspektive auf die Situationen unseres Lebens ist lediglich das Ergebnis unserer Voraussetzungen, unserer Prägung und unserer Erfahrungen. Im Erwachsenenalter ist die Perspektive also das Ergebnis all unserer Entscheidungen **und** unserer unbewussten Glaubenssätze. Diese Kombination ist von Mensch zu Mensch so verschieden, dass Konflikte unabdingbar sind, um die Perspektive des Einzelnen auf den Prüfstand zu stellen und möglicherweise zu verändern, denn die Perspektive unserer Mitmenschen könnte demzufolge auch richtig sein.

Innere Glaubenssätze und Polarität

Die veränderten Umstände unserer Arbeitswelt haben im letzten Jahrzehnt glücklicherweise dazu geführt, dass sich die Bereiche Führung und Konfliktmanagement viel stärker den Gefühlen und Emotionen des menschlichen Lebens zuwenden mussten.

So betrachten wir heute nicht nur die direkt messbaren Leistungsindikatoren der Mitarbeitenden, sondern viel mehr deren Zugehörigkeitsgefühl zu einem Unternehmen, über Werteverständnisse, Motivation, bis hin zur Ausstrahlung, mit der wir unbewusst in Resonanz gehen und in die wir zunächst bedingungslos vertrauen. Insbesondere dann, wenn die Mitarbeitenden eine repräsentative Rolle im Unternehmen einnehmen sollen, steht diese Facette der Menschen auf dem Prüfstand, welcher selten einem definierten Maßstab unterliegt. Vielmehr handelt es sich um die individuelle und damit subjektive Wahrnehmung einzelner EntscheiderInnen, welche sich in die Resonanz mit den Mitarbeitenden begeben und quasi schon in der Anbahnung, dem Vorstellungsgespräch, spüren, ob die angedachte Rolle für die zu prüfende Person passend erscheint oder nicht.

Es stimmt, es geht nach Nase!

Dabei ist es bemerkenswert, wie stark die Meinungen über die individuellen Wahrnehmungen auseinander gehen. Es ist jedoch kein Zufall, dass wir uns mit manchen Menschen in Resonanz begeben können und wohlfühlen und mit anderen dies so gar nicht gelingen will. Abgesehen von Werten, ähnlich gepolten inneren Antreibern oder dem eigenen Konflikttyp, gibt es also noch eine andere Verbindung. Nennen wir sie „Seelen-Ebene“ oder alternativ formuliert „das Erkennen der eigenen inneren kindlichen Prägung im Gegenüber”. Was wir ins Universum ausstrahlen, das ziehen wir also an.

Der Schweizer Psychologe Prof. Dr. Max Lüscher hätte sie wohl als „Blauer Denktyp“ (gefühlsbezogen) und „Roter Denktyp“ (willensbezogen) kategorisiert*. Aus spiritueller Sicht könnten die folgenden Protagonisten in Herzmensch und Gefühlsklärer unterteilt werden. In Beziehungs-Ratgebern finden wir sie im einerseits klammernden und andererseits vermeidenden Bindungsstil. Ich unterteile die beiden folgenden unbewusst ausgesendeten Frequenzen in Eros und Logos. Zwei Extreme, zwischen denen ein riesiges Spektrum an Abstufungen und Variationen liegt. Mit denen wir jedoch in unserem Arbeitsalltag konfrontiert werden.

**Prof. Dr. Max Lüscher erkannte, dass die Emotionen in einer gesetzmäßigen Abhängigkeit zueinander stehen und* *sich gegenseitig regulieren. Wer mit diesem Regulationssystem der Psyche vertraut ist, dem fällt es leichter, seine eigene Situation zu durchschauen, die nötige Einsicht zu gewinnen, sie zu erleben und Probleme zu lösen.*

(Quelle: www.luscher-color.com)

Im Folgenden beschreibe ich eine These, die sich auf meine Beobachtungen innerhalb verschiedener Unternehmensberatungen stützt. Es handelt sich dabei um zwei polarisierende innere Haltungen, welche eine enorme Strahlkraft auf unser Unterbewusstsein erzeugen und sich damit auf das gesamte Unternehmen auswirken können. Mit dem Wissen und dem Erkennen der beiden Typen arbeite ich nicht nur im Einzelcoaching, sondern auch in der Beratung ganzer Konzernstrukturen.

Das Spiel zwischen Eros und Logos

EROS:

Das Wort „Eros“ meint in der Philosophie die Liebe dessen, was aus einem Mangel nach Liebe und Anerkennung entstanden ist und was nach der Vereinigung mit dem Ersehnten verlangt. Übertragen in den beruflichen Kontext entsteht in meiner Auffassung die Idee, dass wir es mit emotionalen, aus der Verlustangst gesteuerten Menschen zu tun haben, die auf einer unbewussten Ebene einen Mangel ausstrahlen. Dieser kann bedingt sein durch innere Glaubenssätze, wie *‚Ich bin nicht genug'* oder *‚Ich muss noch mehr geben, um Anerkennung zu erhalten'*.

Oft sind dies überempathische, teils zu angepasste Menschen, die sich jegliche Aufgaben des Unternehmens auf den Tisch ziehen, aus dem Motiv der Zugehörigkeit und dem Wunsch, unersetzlich und damit endlich gebraucht und liebenswert zu sein. Sie geben beinahe Übermenschliches im Job, vermeiden dabei aber zwei entscheidende Punkte:

1. Sie vermeiden das Hineinspüren in ihre eigene frühkindliche Wunde, welche ihnen unbewusst immer wieder suggeriert, wertlos und nicht liebenswert zu sein.
2. Sie vermeiden die Aktivierung des egoistischen Logos.

Letzteres passiert häufig aus dem Glaubenssatz heraus, für Egoismus und Autonomie abgelehnt zu werden. So sind sie geprägt worden. Diese Menschen empfinden sich überwiegend als Opfer ihrer Umstände in Abhängigkeit zu MitarbeiterInnen und Vorgesetzten. Wir finden diesen Typ Mensch in Positionen mit einem hohen Grad an Unterstützungsleistungen, Service, Qualitätsmanagement oder Dienstleistungen jeglicher Branchen. Sie suchen nicht den hohen Grad der Verantwortung oder die totale Herausforderung, aber sie wollen Leistung erbringen und diese darf auch gesehen und anerkannt werden. Natürlich ist dies nur ein Erfahrungsbild aus meinem Berufsalltag. Ich bin sicher, dass wir die Eros-Menschen auch in ganz anderen Positionen wiederfinden.

LOGOS

In der griechischen Philosophie hatte „Logos" unter anderem die Bedeutung von Beweisführung und Argumentation. Laut meiner Auffassung bedeutet dies, dass die alten Griechen, welche sich gen Logos richteten, sich in ihrem Denken und Handeln deutlich an den Kriterien der Vernunft und Rationalität orientierten.

Menschen, die sich im Logos durch ihr Arbeitsleben bewegen, agieren überwiegend rational. Ich habe dazu folgende Beobachtung gemacht: Sie weisen privat wie beruflich häufig bindungsängstliche Verhaltensmuster auf und agieren unter diesem Aspekt unbewusst in ihrem Berufsleben. Es handelt sich dabei um MitarbeiterInnen und Vorgesetzte, für die augenscheinlich nur Zahlen, Daten und Fakten zählen. Diesen Kollegen wird es tatsächlich nicht oder nur schwer gelingen, sich emotional zu öffnen, empathisch auf die Themen ihrer Mitmenschen zu reagieren oder selbst authentische Emotionen preiszugeben. Dabei geht es auch hier grundsätzlich um die Vermeidung einer frühkindlich geprägten Wunde, welche grundlegend vermeidende Glaubenssätze implementiert hat wie: *„Gefühle bedeuten Schwäche"*, *„Wenn ich mich zu sehr öffne, fühle ich mich angreifbar und schwach"*, *„Meine Gefühle haben keine Bedeutung"*. Dies kann dazu führen, dass Mitarbeitende oder Führungskräfte, welche sich im Logos bewegen, eine echte Abneigung, nicht nur gegen die Wahrnehmung eigener Gefühle entwickeln, sondern auch alle anderen Menschen für ihre Gefühle ablehnen. Das Ziel dieser Ablehnung ist ebenfalls die Vermeidung der eigenen Angst. Man könnte es auch „die Angst vor der Angst" nennen. Sie wechseln schnell aus meist gut argumentierten Gründen den Arbeitgeber oder die Abteilung. Blicken wir hinter die Fassade, wird spürbar, dass sie sich davor scheuen, emotional erkannt und damit „durchschaut" zu werden. Sie vermeiden die sichere Bindung sogar in der Partnerschaft, um ihr Gesicht nicht zu verlieren und damit im schlimmsten Fall ihre Emotionen zeigen zu müssen. Ein

Sicherheitsabstand zu ihren Mitmenschen erscheint ihnen auf unbewusster Ebene als einzige Möglichkeit, nicht mit ihrer frühkindlichen Wunde in Kontakt zu kommen. Diese ist aus der Ablehnung für Gefühle in der prägenden Phase der Kindheit entstanden. Wir finden sie in Führungspositionen oder als Einzelkämpfer, aber auch in Bereichen, in denen eine einstudierte Rolle erwartet wird, die nicht auf das wahre „Ich" schließen lässt. Sie sind ideale Politiker, Vertriebsmitarbeiter und Schauspieler, da sie spontane und intuitive Entscheidungen auf Faktenbasis treffen und aus ihrer Rolle heraus zu diesen Entscheidungen stehen. Ihr Innerstes hingegen ist viel zerbrechlicher und unsicherer, als es scheint.

In verschiedenen Bereichen unseres Lebens ist es möglich, dass Teile von uns zwischen Eros und Logos wechseln. Eine Kollegin, die im Berufsleben vollkommen authentisch und souverän im Logos unterwegs ist und keinerlei Schwächen und Emotionen zeigt, kann im Privatleben immer wieder eine Resonanz aus dem Eros ausstrahlen, welche die falschen Männer in ihr Leben zieht und sie damit regelmäßig ins emotionale Chaos stürzt.

Ein Teil von ihr ist also im Eros und ein anderer Teil im Logos verhaftet.

Häufiger erlebe ich die Konstellation, dass die sichtbaren Anteile sowohl im Berufsleben als auch auf privater Ebene eher einen gemeinsamen

Schwerpunkt aufweisen, nämlich mehrheitlich in Eros oder mehrheitlich in Logos.

Und dann gibt es noch die gemäßigten Typen, die sich entspannt im Fahrwasser aus Autonomie und Bindung bewegen. Gelbe und Grüne Typen, entspannt und kreativ, vielleicht etwas chaotisch und manchmal zu sicherheitsbewusst. Sie können sich bewusst einlassen und beobachten das Geschehen um sich herum, bevor sie sich aus unbewussten Prozessen in ihre Verhaltensweisen stürzen. Dieser Typ Mensch ist bindungssicher und meist der Fels in der Brandung auf allen kommunikativen Ebenen. Von Eros bewundert, für Logos oft zu entscheidungsträge, finden wir die gemäßigten Typen in beinahe allen Positionen wieder, die keine zu spontanen Entscheidungen erfordern.

Im Umkehrschluss bedeutet dies, dass wir aus unserer frühkindlichen Prägung heraus in Resonanz mit unseren Mitmenschen gehen, was wir dann wiederum als Sympathie oder Antipathie empfinden.

„Alles ist mit allem verbunden(...)."

Gotthold Ephraim Lessing (1729 - 1781)

Lukas und seine Kollegin Aurin arbeiteten bereits einige Jahre miteinander. Beide bewegten sich in einer andauernden Konfliktdynamik, welche für KollegInnen und MitarbeiterInnen bereits kräftezehrend und für den wirtschaftlichen Erfolg des Unternehmens bedrohlich wurde. Lukas, studierter Maschinenbauer, hatte ursprünglich nicht geplant, in einer führenden Position zu arbeiten. Doch durch die Kündigung seines früheren Vorgesetzten und den internationalen Expansionskurs des Unternehmens ist er heute Leiter eines Fachbereiches. Seine Mitarbeitenden beschreiben Lukas als Zahlenmensch, mit wenig Empathie für die Anliegen der MitarbeiterInnen. *„Er ist wohl der typische Manager, für den die Leute hier nur an zweiter Stelle stehen"*, beschreibt ihn Aurin. Sie selbst bringt eine andere Lebensgeschichte mit. Sie ist jung Mutter geworden und hat ihre Berufsausbildung bereits im Unternehmen absolviert, kennt jede einzelne Lebensgeschichte der Belegschaft und ist nach den Jahren der Betriebszugehörigkeit auch ohne Zusatzqualifikation zur Leiterin des Personalwesens ernannt worden. Sie fühlt sich für jede und jeden verantwortlich und verbringt viel Zeit damit, persönliche Gespräche zu führen und die Interessen der Mitarbeitenden zu vertreten. Die Besprechungen mit Lukas laufen stets gleich ab: Lukas trägt die Kennzahlen der Produktion vor und schildert anhand von Tabellen, welche Bereiche an welcher Stelle schneller arbeiten müssten, um das Soll zu schaffen. Aurin hingegen kennt die persönlichen Schicksale ihrer KollegInnen - die Rückenschmerzen von Kollege Meier, den abgelehnten Kurantrag von Kollegin Schmidt und das Scheidungsverfahren von Gisela, der Empfangsdame. Aurin ist jedes Mal aufs Neue schockiert von Lukas' gefühlter „Kaltherzigkeit", die ihrem Empfinden nach von seiner „Top-Down-Mentalität" herrührt. Sie findet, es müsse viel mehr um den Menschen gehen und weniger um die Kennzahlen. Regelmäßig gibt es wegen der unterschiedlichen Sichtweisen der beiden Führungskräfte Wortgefechte. Lukas rüstet über mehrere Wochen seine Entscheidungsbefugnisse über den Geschäftsführer auf, Aurin blockiert verstärkt Vorhaben wie unbezahlte Überstunden in den Sommerferien. Die Situation spitzt sich zu, als Aurin Lukas unter Tränen vor der gesamten Belegschaft anbrüllt, sie hätte noch nie ein solch unmenschliches Verhalten von einem derart arroganten Kerl wie Lukas erlebt. Lukas reagiert jedoch nur mit Schulterzucken und Kopfschütteln. Er verlässt die Situation, um Aurin anschließend per E-Mail eine sachlich nüchterne Erinnerung an das Thema „Überstunden" zu schicken, den Geschäftsführer in Kopie.

Ein Konflikt zwischen Eros und Logos par excellence und in nahezu jedem Unternehmen zu finden. Meine These: Wir tragen beide Anteile in unterschiedlichem Maße in uns. Auch wenn wir uns im Moment des ersten Aufeinandertreffens darüber weder austauschen noch einander authentisch in unseren Mustern erleben, so strahlen wir diese Resonanz unbewusst aus und sorgen somit für Sympathie und Antipathie beim Gegenüber.

Aurin hatte sich nach dem Vorstellungsgespräch gegen Lukas ausgesprochen. *Qualifikation ja, Bauchgefühl nein.* Das hatte sie dem Geschäftsführer damals mitgeteilt, um ihre Empfehlung zu unterstreichen.

Eros und Logos können sich ähnlich wie zwei Magneten anziehen oder komplett voneinander abstoßen. Es kommt darauf an, wofür sich beide entscheiden und was sie im anderen glauben, zu erkennen. Glaubt man dem Gesetz der Resonanz, ziehen wir genau das in unser Leben, was wir aussenden. Damit sind wir möglicherweise schon im Bereich der Spiritualität. Vielleicht ist es auch nur ein Bauchgefühl, aber meines Erachtens kann nur die Integration beider Anteile in uns zu einem Ausgleich und damit zu einer positiv wirkenden Resonanz führen. Diese wird bestenfalls zu beiden Polen eine angenehme Ausstrahlung aufbauen. Der erste Schritt zur Integration des fehlenden Anteils ist das Bewusstwerden über die Existenz beider Anteile und deren Spektrum innerhalb unseres Verhaltens. Die Gemeinsamkeit der beiden Pole, besteht aus der Vermeidung von Angst und Ablehnung. Erkennen sich Menschen in dieser Polarität an und vermeiden diese beiden Menschen sich in die Dualität zu begeben, sondern lernen sich sogar darin anzunehmen, so kann es zu einer äußerst ausgleichenden und motivierenden Wirkung kommen, welche innerhalb eines Teams zu hoher Authentizität und Kreativität führt.

Möglicherweise hat das Universum gewollt, dass sich Lukas und Aurin treffen, um voneinander zu lernen und den jeweils fehlenden Anteil, den sie im Gegenüber ablehnen, in sich zu integrieren.

Das Coaching der beiden fand getrennt voneinander statt und hatte das Sichtbarmachen sowie die Integration der jeweils fehlenden Anteile zum Ziel. Beiden gelang es, die Verhaltensweisen ihres Gegenübers zu verstehen und Entscheidungen zukünftig gemeinsam zu treffen.

Lukas konnte sich nach ein paar Sitzungen öffnen und eine Verbindung zu seinen Mitarbeitenden und KollegInnen aufbauen. Aurin konnte den Druck verstehen, unter dem Lukas täglich stand. Lukas hatte früher einen Kollegen und zugleich besten Freund verloren. Der Bercich, in dem Lukas' Freund beschäftigt war, wurde vom Unternehmen eingespart, da unter anderem die Kennzahlen nicht erreicht wurden. Dieser hatte Lukas dafür verantwortlich gemacht. Aus Selbstschutz, innerer Unsicherheit und eigener Existenzangst gab Lukas zumindest nach außen den emotionslosen Anführer.

Aurin hingegen interpretierte sein Verhalten stets als ignorant. Sie rieb sich regelrecht an Lukas' Verhalten auf und verstand seine Sicht auf die gemeinsamen Themen zunehmend als persönlichen Angriff. Sie hatte seit frühester Kindheit die Introjektion inne, für das Glück ihrer Mitmenschen verantwortlich zu sein. Jede Beschwerde der KollegInnen über Lukas' Führungsstil betrachtete sie als versteckten Auftrag, diesen zu thematisieren und auf zunehmend emotionale Weise Veränderungen zu fordern. Stellvertretend für die gesamte Belegschaft kämpfte sie zunehmend gegen Lukas' Entscheidungen, da diese in Aurins Betrachtungsweise die persönlichen Werte und Grenzen Einzelner missachteten. Dies tat sie so lange, bis Lukas sie nur noch als *„überemotional und hysterisch"* einordnete. Dies änderte sich erst mit der Erkenntnis der beiden Protagonisten, ihren jeweils fehlenden Anteil zu integrieren.

Lukas fehlte der Eros-Teil. Seine Angst, Emotionen zu zeigen, war tief begründet in seiner Kindheit und den verlustreichen Erfahrungen seines Arbeitslebens.

Aurin hingegen fehlte der Logos-Teil, was sich bei ihr durch die fehlende Fähigkeit der Abgrenzung zeigte. Ihr fehlte der gesunde Egoismus, um die

Mitarbeitenden sich selbst vertreten zu lassen und auch Lukas eigene Schritte gehen zu lassen, selbst wenn sich diese negativ auf das Betriebsklima auswirken könnten. Ihr Grundthema war demnach nicht nur die Zusammenarbeit mit Lukas, sondern auch der andauernde Kampf für ihre Mitmenschen, ohne von diesen einen echten Auftrag erhalten zu haben.

Beiden gelang der Blick durch die Brille des jeweils anderen, als wir vom Einzelcoaching in die Supervision mit beiden Führungskräften wechselten. Lukas war künftig bereit, die Entscheidungen über Personal und Arbeitszeit mit Aurin zu besprechen, ihre Meinung in seine Entscheidungsfindung einfließen zu lassen und sogar hin und wieder von der 120-Prozent-Zielerreichung abzurücken.

Aurin hingegen gewährte Lukas die Freiheit, auch ein paar Entscheidungen zu treffen, die unangenehm für die Belegschaft sein könnten, jedoch erforderlich für den Erfolg und damit den Fortbestand des Fachbereichs waren. Auch distanzierte sie sich seither von versteckten Aufträgen und schonte ihre Ressourcen zunehmend.

Lukas und Aurin haben es nachhaltig geschafft, ihre fehlenden Anteile jeweils zu integrieren und somit ihre Unterschiedlichkeit als Ressourcen anzunehmen, anstatt sich darin zu bekämpfen.

Konfliktmanagement – Beobachtungsgabe und Haltung

Zoff im Job gehört zum Arbeitsalltag dazu! Konflikte entstehen durch die unterschiedlichen Wahrnehmungen aller Beteiligten. Arbeitskonflikte haben Auswirkungen auf die Erfolge der Zusammenarbeit und betreffen deshalb nicht nur Streitparteien, sondern auch angrenzende Systeme wie das Team oder die gesamte Organisation. Im schlimmsten Fall schlagen die Wellen eines Konflikts bis in angrenzende Systeme, beispielsweise bis zu Kunden, Zulieferern oder potenziellen Bewerbern.

Geschäftsschädigend sind diese Wellen in jedem Fall, insofern sie unbearbeitet bleiben. Doch kann jeder Streit und jede Krise zur Chance werden, da diese zum Ausgangspunkt für Veränderungen im Unternehmen werden können. Als Mediatorin bin ich stets ergebnisoffen, das heißt, ich erkenne in der Krise zweierlei Potenziale:

1. Das sich im Konflikt bewegende System erkennt den Ausgangspunkt für die erforderliche Veränderung teilweise oder ganz an und führt eine bereichernde Transformation durch.

   ODER

2. Das System verändert sich nicht und steigt gemäß der berühmten Konfliktstufen nach

Friedrich Glasl (1980) bergab. Von der ersten Verhärtung bis zum gemeinsamen Untergang muss gar nicht viel Zeit vergehen, dann zerstört sich das System selbst, was ja auch ein Ergebnis ist.

Manchmal verändert sich eine gesamte Organisation, ein Themengebiet, eine Zielgruppe, ein Prozess oder auch nur eine einzelne Perspektive, die den Stein der Veränderung ins Rollen bringt. Mit den richtigen Strategien lassen sich Konflikte lösen. Die wünschenswerte Ergebnisoffenheit führt dann zu neuen konstruktiven Ansätzen.

Nun gibt es aber, genau wie bei völlig unterschiedlichen Perspektiven, auch grundverschiedene Konflikttypen und daraus resultierendes Streitverhalten.

Konfliktverhalten ist erworbenes Verhalten und damit änderbar.

Es handelt sich dabei immer um Strategien zur Wahrung unserer Autonomie oder zur Erzeugung von Bindung. Es stellt sich an der Oberfläche also immer die Frage: Bin ich der Typ *„mit dem Kopf durch die Wand“*, um meine Interessen durchzusetzen, oder bin ich grundsätzlich in der Lage, meine Interessen zurückzustellen, um meine Verbindung zur Gemeinschaft zu stärken und nicht in Gefahr zu bringen? Unser Verhalten im Konflikt ist immer kontextbezogen. So können wir eher vermeidendes Verhalten zeigen, wenn es um eine Streitigkeit ohne direkten Gewinn geht und unsere Interessen unterordnen, jedoch in anderen Themen offensiv und konkurrierend unsere Interessen verteidigen.

Vorgesetzte müssen deshalb situativ und klug entscheiden, welche Perspektive sie gegenüber den Mitarbeiterkonflikten entwickeln und wie sie auf den jeweiligen Konflikttyp eingehen. Da Vorgesetzte jedoch auch einer individuellen Bildung ihrer Perspektive und damit eigenen Filtern unterliegen sowie ein eigenes Konfliktverhalten aufweisen, agieren sie im entsprechenden Kontext selbst aktiv oder passiv.

Der Umgang mit Konflikten

Nun hast du in schwierigen Situationen alle möglichen Filter, Motivationen und Blickwinkel berücksichtigt. Möglicherweise hast du intensive Selbstreflexion betrieben und geprüft, ob das Verhalten anderer bewusst toxisch war oder deine Interpretation es dazu gemacht hat. Vielleicht hast du dein Umfeld vor gefährlichen Annahmen gewarnt, welche unsere Wahrnehmung verfälschen, und doch ist es passiert: Es gibt einen Konflikt am Arbeitsplatz und du suchst nach einem Weg, um damit umzugehen.

Regel Nummer 1: Keine Angst vor dem Konflikt!

Ein fundamentaler Irrtum, dem Vorgesetzte unterliegen können, ist es, anzunehmen, dass die Mitarbeitenden erwachsen wären und sich deshalb selbst einigen könnten.

Es sind kalte und heiße Konflikte, schlechte Stimmung und sogar Mobbing, die sich negativ auf das Betriebsklima und die Produktivität auswirken, insofern sie unangetastet unter der Oberfläche brodeln und die Motivation der MitarbeiterInnen damit schwächen. Innere oder gelebte Kündigungen sind die Folge. Dienst nach Vorschrift und auffallend hohe Krankenstände sind das saure Sahnehäubchen unter den verbliebenen Kollegen, entstanden aus der Gewissheit, mit dem Konflikt allein gelassen zu werden.

Deine Mitarbeitenden opfern einen Großteil ihrer Lebenszeit, um deine Mission mit dir und für dich zu erfüllen. Selbstverständlich entlohnst du sie mehr oder weniger gut dafür und organisierst eine großartige Weihnachtsfeier oder Team-Events. Doch ist es die höchste Form von Wertschätzung, wenn du dich mit offenem Ohr und offenem Herzen mit den Themen der Menschen beschäftigst, die ihre Lebenszeit in deinem Unternehmen oder deiner Abteilung verbringen und dir ihre Kraft zur Verfügung stellen.

„Geld und Benefits" können viele Arbeitgeber!

„Mensch" können die wenigsten.

Regelmäßige, authentische und offene Kommunikation ist zwischen Mitarbeitenden und Vorgesetzten unumgänglich, um die interne Stimmung wahrzunehmen, den Perspektivwechsel herbeizuführen und somit Spannungen frühzeitig aufzulösen. Deine Aufgabe in einer Führungsposition ist es unter anderem, zu gewährleisten, dass die gemeinsame Mission im Fokus aller Beteiligten bleibt.

Doch wann ist der richtige Moment, um einzuschreiten?

Der richtige Moment, um in einem Konflikt zu vermitteln, ist gekommen, wenn du den Auftrag dazu erhalten hast!

Damit meine ich nicht, dass du dich jetzt zurücklehnen solltest und dir einredest, deine Tür stünde offen – und wenn dieses Angebot nicht genutzt würde, so wären die KollegInnen selbst schuld. Ich meine auch nicht, dass du dich in der Grundhaltung bestätigt fühlen darfst, dass alles in Ordnung sei, nur weil es ruhig in deiner Abteilung ist. Glaub mir, Kindererziehung und Konfliktmanagement haben mich eines gelehrt: Wenn es ruhig geworden ist und die Tür geschlossen bleibt, wird die Konflikt-Bombe in Kürze explodieren! Es darf dein Anspruch sein, mit allen KollegInnen und Mitarbeitenden im Dialog zu bleiben und regelmäßig zu hinterfragen, wie sie sich im Unternehmen fühlen, ob sie im Kollegium integriert sind, oder ob es Störungen gibt. Auch darfst du regelmäßig prüfen, ob sie mit deinem Führungsverhalten zufrieden sind und vor allem darfst du aktiv anbieten, den Perspektivwechsel in konfliktbehafteten Situationen für deine Mitmenschen herzustellen. Bei vielen Personalverantwortlichen entsteht während dieser Zeilen vermutlich ein Bild von der ewigen Feuerwehr, welche einen Brand nach dem anderen löscht, andauernd instrumentalisiert, zur Schlichtung des Streits an der offenen Büchse der Pandora. Doch Führung bedeutet in Zukunft vor allem „People Management". Durch passives Abwarten wirst du erst dann einen Auftrag zum Einschreiten erhalten, wenn die Bemühungen der oder des Einzelnen erschöpft sind. Solltest du beabsichtigen, ein vertrauensvoller und sicherer Ansprechpartner für Konfliktthemen im Unternehmen zu sein, reicht es nicht aus, mit dem Wissen der letzten Kapitel in der Komfortzone zu verharren. Vielmehr braucht es ein konstantes und zielstrebiges Angebot deinerseits, das Betriebsklima aktiv mitzugestalten.

In den Trainings, die ich in Unternehmen zum Thema Konfliktkompetenz halte, empfehle ich den Teilnehmenden, ein regelmäßiges Angebot an die Mitarbeitenden zu richten, diese im Konfliktfall zu unterstützen. Sicherheit entsteht durch Konstanz und Vertrauen. Im Konflikt am Arbeitsplatz braucht jede Konfliktpartei die Gewissheit, eine Anlaufstelle zur internen Beratung zu haben, die ihre eigenen Filter sprichwörtlich im Griff hat und keine Vorverurteilung auf Basis von Annahmen trifft.

Konstruktiv betrachtet treffen unterschiedliche Meinungen im Berufsalltag ohne größere Verhärtungen und ohne negative Konsequenzen aufeinander. In bestimmten Fällen scheinen die **Themen jedoch gravierender** zu sein.

Gewissermaßen sind wir wie der berühmte Zauberwürfel mit vielen bunten Feldern, die sich fortwährend drehen und damit ihr Muster permanent wechseln. Dabei gehen wir niemals zurück auf den Werkszustand. Diese Metapher erscheint mir im Beratungskontext als ideale Veranschaulichung unserer Perspektivenvielfalt und verschiedenen Wirklichkeitskonstruktionen. Die multidimensionalen Einflüsse (Grundbedürfnisse, Werte, innere Antreiber, Glaubenssätze, Resonanz etc.) wirken permanent auf unseren Blickwinkel und machen den Umgang damit so herausfordernd und spannend.

Weltanschauung kommt von „Welt anschauen". Perspektivwechsel erreiche ich nur dann, wenn ich mich und andere dazu befähige, die Perspektive zu wechseln und mich bestmöglich in den oder die andere hineinversetze. Den Versuch ist's wert und manchmal brauchen wir für diesen Unterstützung. Den Fokus dürfen wir dabei auf die Beziehungsebene der Konfliktparteien legen, die momentan einer Störung unterliegt.

Bei jeder Form von Meinungsverschiedenheit am Arbeitsplatz lassen sich also persönliche Motive und Erwartungen erkennen, die momentan kollidieren oder frustriert sind.

Als Vorgesetzte oder Personalverantwortlicher solltest du in der Lage sein, zu erkennen, welche Auseinandersetzungen MitarbeiterInnen untereinander austragen und welche du unterstützend zu einer Lösung führen kannst. Kennst du die Motive, Wertvorstellungen und Ziele der involvierten Mitarbeitenden, kannst du auch rational prüfen, um welche Art Konflikt es sich handelt und ob du eingreifen solltest.

Wir scheuen uns zu gerne, einen emotionalen Konflikt zu thematisieren – aus Angst, die Sympathie und Zugehörigkeit zu unseren Mitarbeitenden aufs Spiel zu setzen. Doch setzen wir die Zugehörigkeit in einem viel höheren Maße aufs Spiel, wenn wir uns den Sorgen und Themen nicht stellen und uns damit aus der Verantwortung und Fürsorge für die Mitarbeitenden entziehen.

Um uns sicher durch einen Konflikt zu bewegen, wünschen wir uns häufig eine sichere Struktur, um Auseinandersetzungen nachzuvollziehen, einzuordnen und die Hintergründe zu verstehen. Du glaubst, erst wenn du ein treffsicheres Rezept hast, kannst du passende Handlungsoptionen in Erwägung ziehen und mit den Reaktionen der Beteiligten besser umgehen. Doch empfehle ich, mit der Akzeptanz der Perspektivenvielfalt eine innere Haltung einzunehmen, die sich als Teil der Unternehmensidentität etablieren darf. Es gibt verschiedene Modelle für Konflikttypen und den Umgang mit ihnen. Grundsätzlich ist es jedoch sinnvoll, mit einem Modell zu arbeiten, mit dem du dich und dein Unternehmen identifizieren kannst. Ich rate davon ab, sich ausschließlich mithilfe von Klassifizierung fester Konflikttypen durch die Vermittlung zwischen den Perspektiven zu bewegen, da dies immer die Gefahr von „Schubladendenken“ mit sich bringt und uns wiederum zu der Annahme verleitet, genau zu wissen, wann sich wer wie verhält, da wir ihm oder ihr bereits ein Label verpasst haben, das situativ überhaupt nicht mehr zutreffend sein muss. Die nachfolgende Orientierung soll es jedoch erleichtern, eine Idee zur Diversität unserer Verhaltensmuster im Konflikt zu entwickeln. Ein gutes Modell dazu liefert der „Myers-Briggs-Typenindikator“.

Die individuellen Konflikttypen

Die amerikanischen Persönlichkeitsforscher Isabel Briggs Myers und Peter Myers haben 16 Persönlichkeitstypen ermittelt. Diese helfen uns unter anderem in der Betrachtung des individuellen Konfliktverhaltens, da sie sich wiederum in fünf verschiedene Konflikttypen unterteilen lassen. Diese möchte ich hier zusammenfassend darstellen und ein paar wertvolle Tipps zum Umgang mit ihnen in Konfliktsituationen geben.

Der extrovertierte Konflikttyp

Dieser Typ konfrontiert seine Gesprächspartner gerne mit der eigenen Meinung, scheut den Kontakt nicht, ist aber auch offen für einen Austausch.

Mein Tipp: Lass dich im Konfliktgespräch mit diesem Typ nicht aus der „Reserve locken". Er ist meist offensiv und reißt das Gespräch gerne an sich. Dieser Konflikttyp hat bereits große Erfolge durch Lautstärke und Präsenz gefeiert und wird dieses Verhalten auch im Konfliktgespräch zeigen. Eine sachliche Argumentation mit der Betonung eigener Grenzen und Fähigkeiten bringt dich als Konfliktpartei, aber auch als ModeratorIn weiter.

Der introvertierte Konflikttyp

Dieser Typ nimmt Meinungsunterschiede und Wertekonflikte zwar wahr, behält jedoch seine darauf bezogene Positionierung sowie Gefühle für sich.

Mein Tipp: Gehe aktiv auf diesen Konflikttyp zu. Es ist wichtig, dass du kontinuierlich für eine gelingende Kommunikation sorgst, welche dem Gesprächspartner entsprechend Raum zur Offenlegung unausgesprochener Gedanken und Gefühle bietet und keinen Platz für Vorverurteilung und Annahmen lässt.

Der detailorientierte Konflikttyp Er bezieht sich vor allem auf die sachliche Ebene einer Auseinandersetzung. Die Beurteilung erfolgt aus seiner Sicht rein rational. Von außen betrachtet bewegt er sich im Logos.

Mein Tipp: Behalte bei diesem Typ im Blick, dass zu jedem Konflikt eine emotionale Ebene dazu gehört, sonst gäbe es den Konflikt gar nicht und wir würden lediglich Fakten korrigieren. Es lohnt sich also, bei diesem Konflikttyp genau zu hinterfragen, was der Konflikt hinter dem Konflikt ist.

Der intuitive Konflikttyp

Das ist der Typ, der sich vor allem auf das „große Ganze" konzentriert und augenscheinlich nicht sonderlich an Einzelheiten oder Befindlichkeiten interessiert ist.

Mein Tipp: Um eine Reflexion herbeizuführen, kannst du unterstützen, indem du ihn (objektive) Fakten sammeln lässt, um seine Perspektive zu erweitern. Damit entstehen neue Lösungsoptionen für diesen Konflikttyp.

Der analytische Konflikttyp

Die analytische und direkte Art kann für andere Konflikttypen verletzend wirken, gleichzeitig ist sie jedoch äußerst faktenbetont und damit auch gewinnbringend für ein Konfliktgespräch.

Mein Tipp: Du kannst unterstützend eingreifen, indem du den analytischen Konflikttyp dazu motivierst, Rücksicht auf seine Gesprächspartner zu nehmen und sich empathisch auf diese einzustellen.

Mit dem Wissen über die verschiedenen Konflikttypen solltest du nun eine passende Gesprächsebene mit den Parteien finden, welche es dir ermöglicht, Verständnis für die Art der individuellen Kommunikation aller Beteiligten zu finden und dein eigenes Bauchgefühl idealerweise außen vor zu lassen.

Befinden wir uns selbst mit einem der beschriebenen Typen im Konflikt, so werden wir unser persönliches Konfliktverhalten entsprechend anpassen. Demnach reagieren wir möglicherweise auf einen besonders extrovertierten Konflikttyp eher introvertiert, obwohl wir an anderer Stelle im Arbeitsleben vorwiegend analytisch gestrickt sind.

Damit wird schnell deutlich, dass auch diese Theorie multidimensional zu betrachten ist. Wenn wir uns bewusst darüber sind, dass uns unsere Wahrnehmung und die daraus resultierenden Gefühle zu Reaktionen wie Nachgeben, Entgegenkommen, Zusammenarbeiten, Konkurrieren oder zu Kompromissbereitschaft führen, dann können wir uns im ersten Schritt selbst reflektieren und uns einem Konflikttyp zugehörig fühlen. Nehmen wir uns selbst wahr, können wir unsere Triggerpunkte und unser daraus resultierendes Verhalten aktiv beobachten und verändern.

Greifst du in einen Konflikt ein, gilt: Erst dann, wenn dir die Selbstreflexion gelingt und du die Situation möglichst ohne Filter betrachtest, kannst du die offensichtlichen und verdeckten Konflikttypen identifizieren und für eine adäquate Vermittlung zwischen ihnen sorgen.

Eine Anleitung zur Konfliktlösung

Die innere Haltung ist das Fundament, die Technik baut darauf auf.

Regel Nummer 2: Ein Konflikt ist stets multidimensional und geht niemals von nur einer Konfliktpartei aus.

Schritt 1 – Analyse des Konflikts. Finde heraus, wer an dem Konflikt beteiligt ist und warum dieser Personenkreis involviert wurde.

Schritt 2 – Identifiziere die Themen und Auslöser gründlich auf Basis von Fakten und ohne Annahmen.

Schritt 3 – Ermittle den bisherigen Verlauf des Konflikts – Dauer, vorangegangene Gespräche und Lösungsversuche.

Schritt 4 – Wähle deine Einstellung und behandle alle Konfliktparteien gleich.

Schritt 5 – Beginne die Vermittlung zwischen den zuvor gründlich geprüften Interessen, ohne dabei Recht und Unrecht zu sprechen.

Deine authentische, unvoreingenommene Kommunikation ist Grundlage und Vorbild für gelebtes Konfliktmanagement in deinem Unternehmen.

Schritt 6 – Sei der Berater für alle Parteien. Lege die Ursachen für den Konflikt offen, sorge für den

Perspektivwechsel und mache sichtbar, wie die bisher geführte Kommunikation auf die jeweilige Gegenpartei wirkt.

Sobald du vermittelst, bist du der reflektierende Spiegel, welcher allen Parteien ein möglichst unverfälschtes Bild ihrer Haltung, ihrer Kommunikation und ihres Bestrebens zurückwirft.

Schritt 7 – Ist der Perspektivwechsel für alle Parteien hergestellt, d.h. konnten sich alle Beteiligten in die Beweggründe der Gegenpartei(en) hineinversetzen, so beginne mit der Lösungssuche. Es dürfen alle Wunschlösungen gesammelt werden. Im Anschluss werden diese gemeinsam bewertet und zu einem Konsens geführt.

Regel Nummer 3: Halte es aus, wenn du den Verlauf des Konflikts nicht kontrollieren kannst!

Ich glaube, wenn wir aufhören, unsere Mitmenschen beherrschen zu wollen und stattdessen mit ihnen in Beziehung gehen, schaffen wir Verbindung auf Basis von Freiwilligkeit und Vertrauen. Diese Haltung legt den Grundstein für lösungsorientierte und ergebnisoffene Kommunikation in der Konfliktlösung.

Falls du dich immer noch fragst, ob du als Führungskraft eingreifen solltest, dann möchte ich folgendes ergänzen: Du kannst vermitteln, wenn du selbst **nicht** Teil des Konflikts bist und wenn alle

Informationen des Konflikts darauf hindeuten, dass es Kommunikationsschwierigkeiten zwischen den Parteien gibt, die im ersten Anlauf nicht eigenständig gelöst werden konnten. Du solltest spätestens im zweiten Anlauf deine Hilfe anbieten, da jeglicher Zeitverlust zu einer Zuspitzung des Konflikts führen kann und damit die Wirtschaftlichkeit eurer gemeinsamen Mission schwächen könnte.

Insofern du selbst Teil des Konflikts bist, wende dich gerne an mich:

www.mediatorin-leipzig.de

Wann ist der Konflikt unlösbar?

Die Konfliktstufen nach Glasl besagen in ihrer Theorie, dass jede Konfliktdynamik eine Abwärtsspirale zur Folge hat, der sich keine der Konfliktparteien entziehen kann, sofern nicht die bewusste Entscheidung zur „Umkehr“ durch mindestens eine Partei getroffen wird. Aus Perspektive der Konfliktlösung kann sich ein Konflikt und dessen Verlauf immer noch positiv entwickeln, solange irgendeine Form der Kommunikation vorhanden ist. Eine schlechte Prognose entsteht ab einem Punkt, der in der Mediation „das Prinzip der pessimistischen Antizipation“ genannt wird. Dabei geht man davon aus, dass mindestens eine der Konfliktparteien mit dem für sie schlimmstmöglichen Ausgang rechnet – und dieser wird eintreten. Kurz: Es handelt sich um die „selbsterfüllende Prophezeiung“. Durch Fristen und Druck entsteht ein Wettlauf um möglichst günstige Positionen. Diese wollen sich die Parteien entweder vorsorglich sichern oder genau da wieder aufholen, wo sie von einem Vorsprung der Gegenseite ausgehen. Reaktionen erfolgen oft in Anlehnung an das schlimmstmögliche Szenario und führen so zu Handlungen, die von der Gegenseite als unverhältnismäßig erlebt werden. Das hat wiederum weitere Schritte auf deren Seite zur Folge. Die Versuche, durch Demonstration von Stärke oder Entschlossenheit das Gegenüber zum Einlenken zu bewegen und eine weitere Eskalation so abzubremsen, führen statt Entspannung zu drastischen Reaktionen und bringen grundsätzlich die Gefahr übereilter weiterer Schritte mit sich. Sie führen also letztlich zum Gegenteil des Gewünschten. Ab diesem Punkt ist die Kuh auf dem Eis, und zwar auf sehr dünnem. Ein Einlenken der Parteien findet kaum noch statt, da das als persönlicher Gesichtsverlust erlebt würde. Das Ego gewinnt die Oberhand und der Perspektivwechsel kann nicht mehr gelingen. Ab diesem Punkt wird die Kommunikation gänzlich eingestellt. Die Ignoranz der Gegenseite zerstört die letzte noch bestehende zwischenmenschliche Verbindung der Konfliktparteien. Mit dem Ende der Kommunikation endet auch die realistische Chance auf einen Konsens, der beiden Seiten hätte Zufriedenheit bringen können.

Demotivation durch Konfliktvermeidung

Bei allem Wissen über Perspektiven und Strategien zur Konfliktbearbeitung erlebe ich in meiner Arbeit immer wieder Vorgesetzte, die auf all die vorangegangenen Aspekte achten, permanente Umsichtigkeit zu ihrem Credo gemacht haben und versuchen, alle nur erdenklichen Rahmenbedingungen am Arbeitsplatz so anzupassen, dass es allen um sie herum gut geht. Ihr Irrglaube: Wenn ich es allen recht mache, dann sind KollegInnen und Mitarbeitende motiviert, alle haben ein freundschaftliches Verhältnis und ich muss mich viel weniger mit Konflikten belasten als andere Führungskräfte. Tatsächlich führt die beschriebene Haltung im drastischen Sinne zur Selbstaufgabe dieser Vorgesetzten, da das eigene Unvermögen Grenzen zu setzen und sich aktiv in den Konflikt zu begeben, zur Ausbeutung ihrer eigenen Ressourcen führt.

Thomas ist ein guter Chef. Er hat das Unternehmen vor sechs Jahren aufgekauft, nachdem er jahrelang als Investmentbanker im Ausland tätig war. Damals war er im Angestelltenverhältnis und sein Chef war so etwas wie ein Choleriker*. Immer wenn er sprach, war Ruhe im Raum. Sobald er Kritik äußerte, tat er es auf eine Art und Weise, die manchen KollegInnen den Schweiß auf die Stirn trieb, Gegenworte brüllte er nieder. Da Thomas selbst in einem sehr fordernden Elternhaus aufgewachsen war und unter der derzeitigen Situation an seinem Arbeitsplatz litt, nahm er sich vor: *Wenn ich einmal Chef bin, dann auf Augenhöhe. Ich möchte ein cooles Team anführen, das richtig Lust auf eine gemeinsame Mission hat und niemanden unterdrücken.* Thomas erfüllte sich den Traum vom Chef sein über den Unternehmenskauf eines Mittelstandsbetriebes. Der Kauf sicherte die Nachfolge der aktuellen Geschäftsführerin Frau Neumann ab. Diese führte das Unternehmen nach eigener Aussage bisher „hart aber herzlich".

„Sie ist eine echte Autoritätsperson. Wenn sie uns heute besucht, entsteht da so ein Bauchgefühl bei mir, als würde ich einen Staatsempfang vorbereiten müssen. Das fühlt sich sehr nach Druck an, obwohl sie mir gegenüber immer aufgeschlossen und freundlich ist. Doch es umgibt sie eine Art Aura. Die MitarbeiterInnen hofieren sie, obwohl sie früher ziemlich autoritär geführt hat." So beschreibt Thomas seine Vorgängerin, die das Unternehmen in den neunziger Jahren gegründet und aufgebaut hat.

Thomas ist seinem Plan treu geblieben und so gestattet er seinen MitarbeiterInnen jegliche Freiheit, ihr Arbeitsleben in ihrer individuellen Work-Live-Balance zu gestalten, insofern es der Tätigkeitsbereich zulassen würde. Thomas genehmigt Homeoffice, wann immer es notwendig ist. Er erteilt Sonderurlaube, sobald es das Privatleben der Mitarbeitenden erfordert, und er hat Verständnis für die Nichteinhaltung von Terminvorgaben, solange diese gut begründet sind. Jedoch hat sein Führungsverhalten eine Kehrseite. Thomas zieht den Karren zu häufig selbst aus dem Dreck. Er übernimmt immer öfter die Aufgaben des hochdotierten Vertriebsleiters, welcher zunehmend eine private Belastung für seine fehlende Kommunikation zum Kunden vorschiebt. Außerdem toleriert er es, wenn die Marketingchefin den fünften Mitarbeiter in diesem Jahr zur Kündigung gebracht hat. Sie begründet es selbst mit der Unfähigkeit der BewerberInnen. Da sie Thomas' uneingeschränktes Vertrauen genießt, kommt er nicht auf die Idee, dass die Fluktuationszahlen etwas mit ihrem Führungsverhalten zu tun haben könnten. Die ProduktionsmitarbeiterInnen machen seit Monaten Überstunden, um die Vorgaben des Produktionsleiters zu erfüllen. Dieser hat eine Produktionssteigerung von 125 Prozent vorgegeben und arbeitet selbst Tag und Nacht. Jedoch befindet er sich mit seiner Mehrarbeit in Vorbereitung auf das Sabbatical im kommenden Jahr. Das wissen Thomas und der Produktionsleiter, jedoch gibt es kein transparentes Commitment zu diesem Vorhaben gegenüber der Belegschaft, da der Luxus eines Sabbaticals den ProduktionsmitarbeiterInnen nicht vergönnt ist. Der Produktionsleiter hatte vorgeschlagen, sein Vorhaben erst im zweiten Halbjahr bekannt zu geben, um keine *„Unruhe entstehen zu lassen"*. Als diese Information schließlich doch zu den ProduktionsmitarbeiterInnen durchdringt, reicht es den Mitarbeitenden und es beginnt eine Kündigungswelle. Thomas, der Geschäftsführer, sieht sich von diesem Punkt an mit fortlaufenden Mitarbeitergesprächen, Krankschreibungen und Anwaltsschreiben konfrontiert. Die parallel durchgeführte Mitarbeiterbefragung zeigt ihm eine massive Unzufriedenheit in seinem Unternehmen. Die anonymen online Plattformen, auf denen Mitarbeitende ihren Arbeitgeber bewerten können, attestieren Thomas schließlich völliges Führungsversagen.

Es sind Bewertungen zu finden wie: „Hier werden Faulpelze geduldet.", „Es wird zugesehen, wie fähige KollegInnen vergrault werden.", „Früher war wenigstens Führung zu erkennen.". Thomas ist fassungslos und fragt sich, ob der Schritt in die Unternehmensnachfolge der Richtige war.

Am Beispiel von Thomas wird deutlich, was passiert, wenn wir uns in unserem Führungsverhalten überempathisch anpassen. Durch das Fehlen von Grenzen werden nicht nur Thomas' eigene Ressourcen aufgebraucht, sondern auch die der motivierten MitarbeiterInnen, welche mit ansehen müssen, wie Low Performer und Klimakiller geduldet werden und es für jedes Verhalten grenzenloses Verständnis und Akzeptanz gibt.

Dieses Ungleichgewicht wird Thomas eine Kündigungswelle bescheren, welche sich in der Branche herumspricht und es ihm auf lange Zeit schwer machen wird, qualifizierte neue MitarbeiterInnen zu finden. Auch, als er schließlich Headhunter engagiert und Jobmessen besucht, bleiben die großen Bewerbungen aus, da der Ruf des Unternehmens nicht zuletzt durch die online Bewertungen massiv gelitten hat. Thomas hat schließlich keine andere Wahl, als sein Führungsverhalten zu reflektieren und grundsätzlich zu überdenken. Dabei ist es keinesfalls notwendig, dass er in den autoritären Führungsstil kippt oder seine Führungskräfte anbrüllt, so wie es sein eigener Vorgesetzter in der Vergangenheit tat. Er muss in der Lage sein, seine eigenen Grenzen und die verschiedenen Systeme innerhalb des Unternehmens zu erkennen. Diese Systeme sind:

- das individuelle System jedes Einzelnen
- das System eines Teams
- das System einer Abteilung
- das System des gesamten Unternehmens
- extern angrenzende Systeme (Lieferanten/Kunden/Bewerber/etc.)

Es ist von unschätzbarem Wert, wenn eine Führungskraft dazu in der Lage ist, die eigenen Grenzen und die der angrenzenden Systeme wahrzunehmen und wertschätzend zum Ausdruck zu bringen. Man könnte sagen: Grenzen sind genau wie Werte ein Ausdruck von Bedürfnissen.

Hätte Thomas nicht das persönliche Ziel, mit allen Menschen „gut Freund" zu sein und würde er trotz seines unbändigen Willens, dieses Unternehmen noch erfolgreicher zu machen, auch seine persönlichen Grenzen wahrnehmen, so würde er seine Führungskräfte und Mitarbeitenden viel stärker in die Eigenverantwortung bringen und den Konflikt mit Einzelpersonen in Kauf nehmen, anstatt zu riskieren, die gesamte Belegschaft gegen sich aufzubringen. Ich möchte an dieser Stelle hervorheben, dass jedes der einzelnen Systeme individuelle Motive und Grenzen hat. Diese sind selten von Grund auf transparent, doch darf an dieser Stelle einmal mehr die Frage gestellt werden: „Was brauchst du, mit Blick auf das angrenzende System?" und „Was brauche ich selbst, mit Blick auf das angrenzende System?". Grenzen sind in jeder Interaktion dazu da, besprochen und ggf. neu definiert zu werden, doch sie verschwinden nicht, indem wir sie ignorieren.

Offenbar haben die Mitarbeitenden eine Ohnmacht in Bezug auf Ihre Vorgesetzten erlebt. Aus ihrer Sicht war da der Vertriebler, der Hunderttausende im Jahr verdiente, jedoch keinen Finger krumm machte und die Marketingleiterin, welche die MitarbeiterInnen vergraulte. Nicht zu vergessen, der Produktionsleiter, welcher heimlich sein Sabbatical vorbereitete, und die ProduktionsmitarbeiterInnen dafür schuften ließ. Vielleicht haben es ein paar der MitarbeiterInnen im Gespräch mit Thomas angedeutet, jedoch nie auf den Punkt gebracht, da sie sich offene Kritik bei Frau Neumann früher nicht getraut hätten. Lange wurde das Verhalten der mittleren Führungsebene beobachtet und die Mitarbeitenden dachten, wenn Thomas dahinterkommen würde, würde es Konsequenzen geben.

Doch Thomas kam nie dahinter, da er bereits mittendrin war. Er wusste von all diesen Versäumnissen, war jedoch aus dem Motiv der Zugehörigkeit und einer von ihm als erstrebenswert geltenden Rolle passiv geblieben. Er hatte augenscheinlich auf all die Verfehlungen mit Verständnis reagiert. Dabei lag die Verantwortung für den Umgang mit Fehlverhalten, Konflikten und Minderleistung zu jedem Zeitpunkt bei ihm. Als Führungskraft bist du zuallererst für deine eigenen Bedürfnisse und Grenzen verantwortlich, anschließend für die deiner Mitarbeitenden und dann für die Bedürfnisse und Grenzen der externen Systeme, sprich der Lieferanten, Kunden und Bewerber.

Aus meiner Sicht liegt der Schlüssel zu gelungener Führung im Gleichgewicht aus Empathie und gesunden Grenzen.

Würde Thomas die Grenzen nicht nur für sein eigenes System, sondern auch für das System aller Mitarbeitenden (mit und ohne Personalverantwortung) wahrnehmen und vertreten, so würde er nicht andauernd selbst zum Kunden fahren und zusätzlich überprüfen müssen, ob die Dauerabwesenheit des Vertriebsleiters weiterhin wirtschaftlich tragbar ist. Er würde die Verantwortung für die Mitarbeiterfluktuation nicht auf die Mitarbeitenden schieben, welche das Unternehmen bereits verlassen haben und de facto keine Bereitschaft für ein klärendes Gespräch aufbringen. Würde er auf Ursachenforschung gehen, dann müsste er früher oder später seine Marketingchefin zur Verantwortung ziehen, denn alle Kündigungen in diesem Bereich haben augenscheinlich eines gemeinsam - die Vorgesetzte. Zudem hätte Thomas auch seinem Produktionsleiter abverlangen können, das Sabbatical transparent in seinem Bereich zu kommunizieren sowie alle getroffenen Vorkehrungen dazu. Darüber hinaus ist es fraglich, eine „Zwei-Klassen-Gesellschaft" im Produktionsbetrieb zu bilden. Insofern ich operativen Mitarbeitenden Freiheiten wie Homeoffice oder Sabbaticals nicht ermöglichen kann, werde ich diese sehr wahrscheinlich demotivieren, insofern ich deren Vorgesetzten „laissez faire" Zugeständnisse mache. Gewähre ich einzelnen Mitarbeitenden Privilegien, so darf dies nicht aus der Konfliktvermeidung heraus geschehen. Thomas wollte es sich mit seinen Führungskräften nicht verscherzen. Er wollte der gute Chef sein, den alle mögen und dabei geißelte er sich selbst, denn er hatte dabei völlig außer Acht gelassen, dass der Erfolg des Unternehmens nicht nur in der Führungsebene entsteht, sondern ein stabiles Fundament an motivierten MitarbeiterInnen aller Unternehmensbereiche benötigt.

**Ich glaube, Choleriker gibt es nicht, sondern nur Trigger, die uns in Schreihälse verwandeln, da wir nie gelernt haben, konstruktiv mit diesen Triggern umzugehen. Wir sind ja nicht jeden Tag rund um die Uhr cholerisch, sondern nur manchmal.*

Zusatzmaterial

Die heimliche Königin der Grauorganisation – eine Kurzgeschichte mit bittersüßem Perspektivwechsel.

In meinem Beratungsansatz betrachte ich, insbesondere in langjährig etablierten Traditionsunternehmen, das offizielle Organigramm intensiv. Das ist aber nicht die einzige Darstellung, die ich bei gefühlt unlösbaren Konflikten oder spürbaren Spannungen prüfe. Es gibt so etwas wie die „heimliche Schwester" des offiziellen Organigramms. Die ungekrönte Nummer zwei der Thronfolge: die „Grauorganisation".

Das glaubst du nicht? Dann lass uns erneut einen Blick auf Frau Graf werfen, die Büroangestellte aus Tobias' Geschichte, die es ihm solange erschwerte, eine moderne und transparente Führung im Familienbetrieb durchzusetzen - bis er sich schließlich mit dem „Goldenen Handschlag" von ihr trennte. Kordula Graf war 42 Jahre alt, als Tobias ihr im Büro vor die Nase gesetzt wurde.

Sie war seit 20 Jahren im Unternehmen tätig und hatte schon viele KollegInnen kommen und gehen sehen. Sie hatte neben Tobias' Mutter den Laden mit aufgebaut, war im Außendienst, akquirierte Kunden. Als Anfang der 2000er Jahre eine Buchhaltungssoftware eingeführt wurde, wollte sich keiner der Mitarbeitenden damit befassen, nur Frau Graf war einen Schritt nach vorn getreten und hatte sich intensiv in das Thema eingearbeitet. Sogar ihren Mann hatte sie für sechs Monate ins Unternehmen geholt, als der Hausmeister plötzlich erkrankte und für längere Zeit ersetzt werden musste.

Immer, wenn Frau Graf etwas im Unternehmen nicht gefiel, so spürten dies sofort alle in ihrem Dunstkreis.

Nicht, dass Frau Graf dies lautstark mitteilte, im Gegenteil, sie implodierte regelrecht und verstummte - im schlimmsten Fall für Wochen.

Frau Graf war es gewöhnt, dass die MitarbeiterInnen sie um Rat fragten. Die Themen drehten sich um Personalangelegenheiten, zu der mittlerweile veralteten Software, zur Dokumentenablage, zu Kundenbeschwerden, zu Anwesenheit und Abwesenheit des Seniors, auch dazu, welche Meinung sie zu neuen Mitarbeitenden hatte. Diese Meinung wurde praktischerweise auch gleich von vielen KollegInnen übernommen. Sie fragten sie um Erlaubnis zur Pause, zum Essen und zum Atmen. *„Wenn die Gräfin schlechte Laune hatte, dann ging man ihr besser aus dem Weg. Sie hatte bereits mehrfach bis unendlich gezählt und aß keinen Honig, sondern kaute Bienen.“* So wurde sie mir mit einem Augenzwinkern von einem Mitarbeiter beschrieben, der jahrelang Spießruten gelaufen war, um die Gunst der Dame zu ergattern und somit seine Daseinsberechtigung im Unternehmen zu erhalten. Freundlichkeiten von Kordula Graf waren offenbar einem Ritterschlag gleichzusetzen.

In dieser Machtposition sahen sie auch viele andere MitarbeiterInnen. Sie hoben sie förmlich auf ein Podest. Jedoch nicht, weil sie sie so sehr verehrten. Frau Graf hatte alle Spielregeln befolgt, die einzuhalten sind, wenn man die heimliche Königin der Grauorganisation werden will.

Sollten Sie dies auch vorhaben, und an dieser Stelle muss ich zum „*Sie*" übergehen, um mich von Ihrem Vorhaben persönlich zu distanzieren, so befolgen Sie ganz einfach die nachfolgenden nicht ganz ernst gemeinten Schritte, die der Gräfin ebenfalls 20 Jahre lang einen zweifelhaften Erfolg versprachen.

1. Seien Sie idealerweise seit Unternehmensgründung, jedoch mindestens seit zehn Jahren, im Unternehmen.
2. Verfügen Sie über ein umfassendes Repertoire an alten Geschichten von früher in Bezug auf die Unternehmensgründung oder so manchen Karren, den Sie für die Geschäftsleitung aus dem Dreck gezogen haben und wiederholen Sie diese Geschichten so oft wie möglich, um sich plakativ mit al-

ten KollegInnen und der Geschäftsleitung zu solidarisieren und neue KollegInnen mit der Dauerschleife in die Vergangenheit auszugrenzen.

3. Sie sollten die Schwächen des Geschäftsführers oder der Geschäftsführerin auswendig kennen. Das sind zum Beispiel Schwächen in Bezug auf interne Prozesse oder Führung.
4. Nur für Familienunternehmen: Idealerweise haben Sie dem Juniorchef bereits die Windeln gewechselt und genießen damit sogar einen Wissensvorsprung gegenüber seiner neuen Freundin, welchen Sie nun bei jeder Gelegenheit erwähnen.
5. Sie geben sich hundertprozentig loyal gegenüber dem/der eigentlichen GeschäftsführerIn, dabei lassen Sie diese(n) nur in dem Glauben, er oder sie hätte das alles hier ohne Sie geschafft. Ganz schön clever, denn vor der Belegschaft behaupten Sie das Gegenteil.
6. Halten Sie Ihre KollegInnen idealerweise künstlich dumm. Ergattern Sie Monopolwissen und halten Sie dieses geheim. Je weniger Ihre KollegInnen wissen, desto mehr müssen sie bei Ihnen nachfragen. Wissen geben Sie nur preis, wenn Sie Sympathie und Folgsamkeit spüren.

7. Wenn neue MitarbeiterInnen dazukommen, überprüfen Sie zunächst, ob diese auch gewillt sind, Ihr kleines Machtspiel mitzuspielen und bei jeder kleinen Frage artig an Ihrem Schreibtisch stehen, um mit gesenktem Blick darauf zu warten, dass Ihre königliche Hoheit den Blick erhebt und das Wort an sie richtet.
8. Stellen Sie fest, dass dies nicht der Fall ist, nutzen Sie Ihre bewährte Strategie, wie Sie mit neuen Mitarbeitern umgehen.

   8a) Sie schweigen – also werden alle Ihre treuen Gefährten ebenfalls schweigen.

   8b) Sie suchen ein eindringliches Gespräch mit der Geschäftsleitung – Sie genießen schließlich uneingeschränktes Vertrauen und Urteilsfähigkeit. Wenn Sie dann sagen, dass der/die neue MitarbeiterIn nichts taugt, … ja, dann besteht kein Zweifel.

   Und zur Überbrückung

   8c) Bis die Kündigung ausgesprochen wird, vergessen Sie nicht, Ihre grauen Spatzen auf den bunten Kanarienvogel zu hetzen, vielleicht geht er oder sie sogar von ganz allein.

   8d) Behaupten Sie, dass der/die von Ihnen Gemobbte psychische Probleme hätte und äußern Sie diesen Verdacht bei jeder emotionalen Regung, die von dieser armen Person ausgeht.

9. Drohen Sie mit Ihrer Kündigung, sobald Sie kritisiert werden, um zu überprüfen, wie stark die Geschäftsleitung von Ihnen abhängig ist. Jammern Sie Ihren grauen Gefährten noch wochenlang die Ohren voll über Undankbarkeit und fehlende Fairness – vielleicht sind diese so solidarisch und kündigen ebenfalls, wenn Sie wegen krummer Dinger gefeuert werden.

   9.a) Alternativ können Sie Ihren Geschäftsführer oder Ihre Geschäftsführerin auch öffentlich zum Narren halten, indem Sie lautstark verkünden, dass diese(r) nicht einmal den Computer starten könnte ohne Sie.
10. Erfüllen Sie die Punkte 1-9 und machen Sie sich damit unersetzlich für dieses Unternehmen, was Sie von innen heraus vergiften.

Ironie Ende.

„Wann immer du damit beginnst, dich oder die Dinge in deinem Leben zu ernst zu nehmen, vergiss nicht, dass wir alle nur sprechende Affen sind, welche auf einem organischen Raumschiff durch das Universum fliegen."

(Nach einem Zitat von Joe Rogan)

Mein Ranking ist leicht überzeichnet – zugegeben. Was ich hier beschreibe, wird in vielen Unternehmen jedoch immer noch geduldet. Hier kann es keinen Respekt und ehrliche Wertschätzung geben, auch kein Miteinander und keine gemeinsame Identität. Diese KönigInnen der Grauorganisation erlebe ich im öffentlichen Dienst und im Mittelstand sowie in Konzernstrukturen gleichermaßen. Besonders erlebe ich sie in Mittelstandsunternehmen, die nach der deutschen Wiedervereinigung gegründet wurden und in der aktuellen Dekade zum ersten Mal eine Unternehmensnachfolge erleben. So auch in dem Familienunternehmen, das Frau Graf zwanzig Jahre lang einen soliden Hofstaat bot.

Die häufigste Konstellation ist folgende: Die Senior-ChefInnen haben ein Unternehmen erschaffen, das so viel Profit abwirft, dass bis zu viermal jährlich eine Auszeit in Form einer Fernreise möglich ist. Der Laden läuft autark. Selten kommt eine E-Mail rein. Wenn, dann hat meistens ein Mitarbeiter gekündigt. Seltsamerweise passiert dies immer dann, wenn der Hausvorstand nicht da ist.

Ganz selten traut sich einer dieser armen bunten Vögel, welche über Wochen und Monate denunziert wurden, nach vorn und sucht das Gespräch mit dem Chef oder der Chefin, bevor die Verzweiflung zu groß wird. Dieses arme Geschöpf sucht dann Schutz vor dem organisierten Mobbing. Aussagen wie diese sind typisch: *„Ich habe so sehr gehofft, dass es bei diesem Arbeitgeber besser wird"*, *„Ich werde nicht integriert"*, *„Wenn ich den Raum betrete, werden alle still"*, *„Ich kann nicht mehr"*.

Das sind die Sätze, die dich jetzt alarmieren dürfen. Sofern du einen Mitarbeiter oder eine Mitarbeiterin in deinem Büro zum Vieraugengespräch eingeladen hast und fragst: *„Wie geht es dir?"*, diese Person in Tränen ausbricht oder mit einem der vier oberen Sätze antwortet, bist du ab sofort in der Fürsorgepflicht. Verabschiede dich von dem Gedanken, dass Emotionen nicht an den Arbeitsplatz gehören. Vergiss die Annahme, dass es sich hier um private Probleme handelt, die zu diesem Ausbruch führen. Nur wenn eine akute, unausweichlich schmerzhafte Situation im Privatleben eines Mitarbeiters oder einer Mitarbeiterin mit dem Personalgespräch zeitlich kollidiert, werden die Mitarbeitenden das

Gespräch zum Anlass nehmen, ihre Ventile zu öffnen. Meine Hypothese: Diese Menschen sind seit geraumer Zeit massivem psychischen Stress ausgeliefert, und zwar in deinem Unternehmen, sonst würden sie ihr Gesicht nicht vor dir verlieren. Du befindest dich an dieser Stelle in der Pflicht, deine MitarbeiterInnen vor den „Grafen und Gräfinnen" dieser Arbeitswelt und damit vor organisiertem Mobbing zu schützen. Wir müssen damit aufhören, die Täter in Schutz zu nehmen, nur weil wir glauben, diese hätten aufgrund ihrer künstlich erzeugten Unersetzlichkeit unser absolutes Vertrauen verdient.

Erst dann, wenn Perfektion, Eitelkeit und Ego sterben, entsteht Vertrauen.

Erst wenn du mit an Sicherheit grenzender Wahrscheinlichkeit zu dem Ergebnis kommst, dass es keine Maske und keine List gibt, dann bist du im Vertrauen. Doch liegt die Annahme meist näher, dass nur langjährige Zusammenarbeit Vertrauen verdient hätte.

Möchtest du, dass dein Unternehmen als Arbeitnehmer-Vernichtungs-Maschine bekannt wird? In Zeiten von sozialen Netzwerken und Bewertungsplattformen wie Kununu wird blindes Vertrauen gegenüber Innovationsverhinderern, Handbremsen und Strippenziehern zu einem Image führen, welches es in kurzer Zeit unmöglich macht, neue Arbeitskräfte anzuwerben. Auch wird ein entsprechender Ruf deines Unternehmens über kurz oder lang auf Ablehnung in allen angrenzenden Systemen stoßen. Meine Meinung ist dir zu radikal? Die Abfindung ist dir für deinen heimlichen König oder deine heimliche Königin zu teuer? Mir wären es die Menschen in meinem Unternehmen, mein unternehmerischer Erfolg und guter Ruf wert.

Du kannst nicht auf ihn oder sie verzichten?

Was wäre, wenn Ihre königliche Hoheit morgen vom Bus überfahren würde?

Bis zum Ausbruch der Pandemie haben die meisten Unternehmer über diese Frage gelacht. Als die ersten schwer erkrankten Geheimnisträger ausfielen, gab es für viele ein böses Erwachen. Prozesse waren nicht dokumentiert, Vertreter waren nicht benannt, teilweise fehlten Passworte für komplexe Systeme und in einem Fall sogar der Schlüssel für das Betriebsgelände - Jackpot!

Falls du glaubst, dass die heimliche Königin der Grauorganisation sich schnell von Argumenten und neuen Denkmustern überzeugen lässt: Ich wage es zu bezweifeln, denn dieser Typ ist machtgetrieben und in der höchsten Ausbaustufe sogar toxisch. MitarbeiterInnen wie diese werden alles dafür tun, dass keine Veränderung eintritt, die sie nicht selbst steuern können.

Sie sind ständig getrieben von der Angst, ihre Macht zu verlieren, ihren Einfluss aufgeben zu müssen und von anderen KollegInnen irgendwann entlarvt oder überholt zu werden. Das muss sehr anstrengend für diese Menschen sein. Die Spiele der Macht sind ihre Strategie der Angstvermeidung, nur um sich in ihrem Leben wichtig zu fühlen. Sie wollen Herrschen, um die tiefen Wunden des verborgenen inneren Kindes zu verdecken. Bei aller Konfliktlösung, trotz jedes erdenklichen Perspektivwechsels: Mobbing ist eine Straftat und muss auch als solche erkannt und behandelt werden.

Mein Zweck

Ich verstehe dieses Buch als meinen Beitrag für eine Arbeitswelt, die sich endlich verändert. Ich habe es geschrieben, da ich all diese Facetten bereits als Konfliktpartei, Mediatorin, Coach, aber auch als Mitarbeiterin und sogar als Opfer von Mobbing selbst kennenlernen durfte. Es ist mein Zweck und meine Berufung, diese Arbeitswelt zu verändern und sie weiterzuentwickeln. Wenn ich mit diesen Zeilen auch nur eine einzige Sichtweise, einen Gedanken oder eine Reaktion verändern konnte, so war meine Mission erfolgreich. Ich hinterlasse meinen Fußabdruck in dieser Arbeitswelt für meine Kinder und für alle, die diesen Arbeitsmarkt bereits betreten haben oder ihn in Zukunft bereichern werden, um ihnen eine fördernde, gesunde und wohlwollende Umwelt zu bereiten. Ich möchte meinen Beitrag für eine Arbeitswelt leisten, die es jedem und jeder möglich macht, Potenziale zu entfalten und als Mensch im Mittelpunkt der eigenen Aufgabe wahrgenommen zu werden. Das ist nicht zu viel verlangt. Das dürfen wir uns alle ausnahmslos wert sein.

Falls du jemals geglaubt hast, an deinem Konfliktverhalten oder dem deiner Mitmenschen nichts ändern zu können, falls du dachtest, du seist deinen Umständen ausgeliefert, so sei dir sicher: Der Käfig entsteht in deinem Kopf und du hast jederzeit die Freiheit dazu diesen zu öffnen.

Alles beginnt mit einer Entscheidung.

Danksagung

Natürlich steht man nicht morgens auf und schüttelt sich den Inhalt eines Buches aus dem Nachthemd. Diesem kleinen Buch gehen Erfahrungswerte, persönliche Geschichten, Konfliktlösungen in Unternehmen und jede Menge Weiterbildungen voraus.

Ich möchte mich bei Jennifer Henel bedanken, für über 20 Jahre Freundschaft und dafür, dass du schon immer wusstest, dass jeder jeden Tag sein Bestes gibt. Du bist niemals in die Vorverurteilung gegangen, schon damals, als wir Teenager waren und ich das Wort „Perspektivwechsel“ noch gar nicht schreiben konnte - deine Haltung war mir ein Vorbild. Danke, dass du immer da bist.

Vielen Dank an Jennifer Etzold, großartige Führungspersönlichkeit und Vertraute. Danke, dass bei uns beiden alles ausgesprochen werden darf, danke, dass wir die Stürme des Lebens gemeinsam überwunden haben. Deine Kraft ist inspirierend.

Meinen besonderen Dank möchte ich privat wie beruflich an Tanja Mosebach richten. Meine bessere Hälfte im beruflichen Sinne. Du hast mich durch deine Sichtweisen oft inspiriert oder in die Selbstreflexion gebracht. Dafür keine großen Worte, nur ein kleines „danke“.

Vielen Dank an meine langjährigen Kunden, die mir immer wieder ihr Vertrauen schenken und ihren unternehmerischen Erfolg in meine Hände legen. Danke an die Online Community auf allen Plattformen. Ohne euch wäre ich heute nicht da, wo ich gerade bin!

Vielen Dank an meinen lieben Christian, Familie und Freunde, die mich zu jedem Zeitpunkt aus ganzem Herzen unterstützt haben.

Vielen Dank an Ines! Wie oft hast du Oscar Wilde zitiert? *„Am Ende wird alles gut und wenn es noch nicht gut ist, dann ist es noch nicht das Ende."* Du hattest Recht!

Christin

Quellen & Inspirationen

1. John Strelecky „Das Café am Rande der Welt: eine Erzählung über den Sinn des Lebens" dtv; 60. Edition (1. Februar 2007)
2. 50Minuten.de (31. Mai 2018)"Die Bedürfnispyramide: Menschliche Bedürfnisse verstehen und einordnen (Management und Marketing)"
3. Eric Berne „Die Transaktions-Analyse in der Psychotherapie. Eine systematische Individual- und Sozial-Psychiatrie" Junfermannsche Verlagsbuchhandlung; 2., Aufl. Edition (1. März 2006)
4. Kapitel „Innere Antreiber" S. 44-64 inspiriert von Julius Kuhl „Lehrbuch der Persönlichkeitspsychologie: Motivation, Emotion und Selbststeuerung" Hogrefe Verlag; 1. Edition (21. Oktober 2009)
5. GIFTS DIFFERING – Understanding Personality Type, von Isabel Briggs Myers und Peter B. Myers, Erstausgabe 95-4184).
6. Vera F. Birkenbihl „Kommunikationstraining: Zwischenmenschliche Beziehungen erfolgreich gestalten", mvg Verlag; 33. Edition (11. Januar 2013)

7. Stefanie Stahl „Das Kind in dir muss Heimat finden: Der Schlüssel zur Lösung (fast) aller Probleme"Kailash; Originalausgabe Edition (16. November 2015)
8. Friedrich Glasl „Konfliktfähigkeit statt Streitlust oder Konfliktscheu: Die Chance, zu sich selbst und zueinander zu finden", Verlag am Goetheanum; 5. Edition (9. April 2020) (Geisteswissenschaftliche Vorträge)
9. Inspiration zum Kapitel Umgang mit Konflikten, Monika Oboth (Autor), Gabriele Seils (Autor) „Mediation in Gruppen und Teams: Praxis- und Methodenhandbuch. Konfliktklärung in Gruppen, inspiriert durch die GFKPraxis- und Methodenhandbuch. ... durch die Gewaltfreie Kommunikation"Junfermann Verlag; 4. Edition (16. September 2005)
10. Pessimistische Antizipation: Otto Selz (1881–1943) führte den Begriff der Antizipation in die Denkpsychologie ein, Antizipation als die vorausschauende Komponente gilt heute als grundlegender Bestandteil des Denkens und Handelns